入門者のLinux

素朴な疑問を解消しながら学ぶ

奈佐原顕郎　著

必ずお読みください

本書は、パソコン（Windows・Mac）の基本操作や、インターネットの一般的な操作（検索やダウンロードなど）を独力でおこなえる方を対象にしています。

本書に掲載しているコマンドは、以下のディストリビューションで動作することを確認しています。

・Ubuntu 16.04 LTS

・Raspbian（NOOBS v1.9.2 と v1.9.3）

シェルは bash を前提とします。できるだけ多くの Linux（Unix）で動作するコマンドを掲載する方針で選定していますが、上記以外の環境をお使いの場合、設定やコマンドのバージョンによっては、動作結果が異なる（動作しない）可能性があります（掲載されているコマンドの実行結果画面は、Ubuntu 16.04 LTS のものです）。また、本書に掲載されている情報は、**2016 年 9 月時点**のものです。実際にご利用になる際には変更されている場合があります。あらかじめご了承ください。

コンピュータという機器の性質上、本書はコンピュータ環境の安全性を保証するものではありません。著者ならびに講談社は、本書で紹介する内容の運用結果に関していっさいの責任を負いません。**本書の内容をご利用になる際は、すべて自己責任の原則でおこなってください**。

著者ならびに講談社は、本書に掲載されていない内容についてのご質問にはお答えできません。また、**電話によるご質問にはいっさいお答えできません**。あらかじめご了承ください。追加情報や正誤表などは、以下の本書特設ページに掲載いたします。

http://bluebacks.kodansha.co.jp/special/linux.html

●カバー装幀／芦澤泰偉・児崎雅淑
●カバーイラスト／勝部浩明
●目次・本文デザイン／島浩二

はじめに

あなたはLinuxを使ったことがありますか？　多分あります。意識していないかもしれませんが。Linuxは、世界で最もたくさん使われている基本ソフトです。基本ソフト（OSとも呼ばれます）とは、WindowsやMac OS Xのように、コンピュータを動かすための「縁の下の力持ち」的なソフトウェアです。スマートフォンやタブレット端末のAndroidという基本ソフトは、実はLinuxをベースに作られています。Googleなどのインターネット検索エンジンで使われる基本ソフトの多くはLinuxです。テレビやDVDレコーダーの基本ソフトにもLinuxが使われており、選局や録画、編集、ハードディスクの管理などを助けてくれています。

たくさんのLinuxのお世話になっているからでしょうか、Linuxのことをもっと知りたい、使いこなせるようになりたい、という人が、少しずつ増えているようです。本書を手に取ったあなたもその１人でしょうか？

世の中には、Linuxの入門書がたくさんあります。それは、Linuxを習得したいのにうまくできない、という人が大勢いることの証拠でもあります（もし簡単に習得できるのなら、１冊の薄い定番の入門書があれば十分でしょう！）。なぜLinuxは難しいのでしょうか？

Linuxに関する細かいハウツー情報はネットでたくさん見つかります。たとえば「Linux　ダウンロード　インストール」のようなキーワードで検索すれば、Linuxをダウンロードしてあなたのパソコンにインストールすることは、簡単にできます（本当です！　WindowsやMacでブラウザやUSBメモリを使うことができる人ならば）。Linuxを使っているうちに何かエラーが出たら、そのエラーメッセージを検索すれば、多くの場合、原因や対処法が見つかります。

でも、初心者がLinuxを学ぶときの障害は、そういうハウツー情報の不足ではなく、やっているうちに随所で感じる戸惑いや違和感であり、それは、「Linuxってなんでこうなんだ？」という、イライラした気持ちを伴った疑問なのです。ある意味、カルチャーギャップというか。

そういう疑問は、その場その場で無理に解消しようとせず、適当に「スルー」して、とにかくLinuxを学び続け、使い続けていれば、そのうちに自然に解消するものです。要するに、「習うより慣れろ」なのです。ところが、そう言われても、どうしてもいろんなことが気になってしまうのが人間です（特に、歳をとってくると！）。人間は、コンピュータと違って、正しい情報と指示を与えれば正しく働くというものではないのです！

本書は、そういう「人間らしい」あなたに、「とりあえず」納得して呑み込んでいただけることを目指します。あなたが、「ん？　なんでそんなことするの？」「あれ、それだとなんかもやもやする」となりそうなところで、できるだけLinuxを支える文化や考え方をざっくり解説します。それは、ときには合理的な思想だったり、ときには単なる慣習だったりします。それを読んで、「とりあえずはそういう理解でいいのか、ま、それならそれでいいか」という気分になっていただけたら成功です！　そして本書で「Linuxってこんなものか」「専門的だと思ってたけど、意外にできそう」「次は厚めの入門書を読もう」などの印象を持っていただけたらもっと成功です！

本書はWindowsやMacはそこそこ使えて（メール、ブラウザ、Officeソフトなど）、なんだかLinuxも面白そうだからいじってみたい、という人を対象とします。これから少しずつお話ししますが、Linuxには、素晴らしい機能がたくさんある一方、できないこと・やりにくいこと・とっつきにくいこともあります。ですから、本書はWindowsやMacを今すぐ捨ててLinuxに乗り換えよう！　とすすめたりはしません。

Linuxの魅力は、「みんなが自由に使い、みんなで育てる」というポリシーや、社会の隅々まで浸透し続ける汎用性、時代を超えても揺るがない堅牢な設計思想など、多くの面にあります。私はLinuxやコンピュータの専門家ではありませんが、そのような魅力を味わった結果、Linuxが仕事や勉強に直接役立つようになりましたし、生き方やものの考え方にも良い影響を受けたと思います。あなたにも、そのような良い体験が訪れることを願っています。

本書の読み方

・本書はLinuxの考え方を体験的に、おおまかに理解していただく本であり、Linux全体を解説するという観点では偏りがあります。本書を読了されたら、より包括的なLinux入門書を読まれることをおすすめします。

・本書は、知識や考え方を次第に積み重ねるスタイルで作っていますので、本文はなるべく読み飛ばさずに順に読むことをおすすめします。ただし、「スルーで」とか「読み飛ばしても構いません」と書いてある箇所や、後述する演習問題は読み飛ばしてもOKです。

・理解を定着させるために、掲載されているコマンドを実際に打ち込んで試し、確認しながら読み進めてください。

・各章の最後に「チャレンジ！」として演習問題を載せています。これらは解かなくても後ろの章の理解には支障ありません。多くは、すでに学んだ知識を使ってちょっとした「イタズラ」をするような内容です。これらを通して、「なるほどLinuxはこういうふうに遊びながら学べばよいのか」と思っていただけたら嬉しいです。

・できるだけLinuxの歴史・文化を尊重するように努めましたが、初心者がスムーズに読めるようにするため、あえて思い切って単純化して書いた箇所もあります。それらは歴史的な経緯や用語法と整合しないこともあります(たとえば、viのモードの説明等)。厳密さを求める人（特にLinuxのエキスパート）には、「それちょっと違うよ」と思われることがあるかもしれませんが、このような趣旨を理解してくださるよう、お願いいたします。

2016年9月　著者

CONTENTS もくじ

第1章

Linuxとは？

世の中は、さまざまなコンピュータであふれていますね。パソコンやタブレット、スマホだけでなく、自動車や家電の中にもコンピュータは入っていますし、その一方で、最先端の金融取引や科学計算の世界では巨大なコンピュータが活躍しています。それらは当然、性能も規模も仕様もさまざまですが、1つ共通していることがあります。それは、**「基本ソフト」を載せないと動かない**、ということです。「はじめに」でも述べましたが、基本ソフトとは、コンピュータを動かすための「縁の下の力持ち」的なソフトウェアです。

Linuxは、コンピュータの基本ソフトの一種です。そして、ありがたいことに、Linuxは、世の中のほとんどのコンピュータに載るのです。ということは、Linuxを知れば、あなたは多種多様なコンピュータを駆使する能力（の基礎）を獲得できるのです。素敵ですね！

では「Linuxを知る」にはどうすればよいのでしょう？何よりも、Linuxを使ってみるのがいちばんの早道ですし、本書もそのような方針で進めます。でも、やってみればわかりますが、Linuxに慣れるまでは、いろいろなところに落とし穴やちょっとした壁もあります。そういうときに投げ出さないで、もう少しLinuxとつきあってみようか、と思えるように、最初にLinuxの生い立ちや背景を知っておくのも悪く

～本書の見出しなどでペンギンが登場する理由～
Linuxの公式マスコットのペンギン（Tux）にあやかっています。

ないと思います。というわけで、本当は長い「Linuxのドラマ」を、以下に短くまとめてみます。

昔々（Linuxが生まれるはるか前、1970年頃)、米国で、Unix（ユニックス）という素晴らしい基本ソフトが誕生しました。Unixはその後、いくつかの種類に分化し世界中に普及し、以来ずっと第一線で活躍しています。特に、スーパーコンピュータやグリッドコンピュータといった大型コンピュータや、インターネットを支えるサーバーコンピュータの中で使われています。

質問 **UnixやLinuxってどう発音するのですか?**
答 Unixは「ユニックス」です。Linuxは「リナックス」と発音する人と「ライナックス」と発音する人がいますが、どちらでもいいと言われます。ちなみに私は前者です。

基本ソフトは、コンピュータを使うための基盤ですから、よい基本ソフトができると、コンピュータの操作やソフトウェアの開発がとても楽になるのです。Unixの中心的な開発者には、その功績によって2011年に日本国際賞（いわば日本版のノーベル賞）が贈られました。

質問 **日本国際賞を贈られたってことは、Unixは日本人が作ったのですか?**
答 いえ、違います。ケン・トンプソンとデニス・リッチーという米国人です。日本国際賞は、日本人に限らず、科学技術で世界的な業績を挙げた人を顕彰します。ちなみに

Linuxを作ったのはリーナス・トーバルズというフィンランド人です。このすぐあとに出てくるフリーソフトウェア（オープンソースソフトウェア）を主導したのはリチャード・ストールマンという米国人です。ITの偉人といえばビル・ゲイツやスティーブ・ジョブズが有名ですが、上述の人達は、彼らに劣らない偉人達です。

一方、同じ頃、フリーソフトウェアとか**オープンソースソフトウェア**（あるいは略して**オープンソース**）という思想がソフトウェア開発者の間で生まれ、発展していきました。これは、「皆がよく使うソフトウェアは、そのソースコード（プログラムの設計図、というか実体そのもの）を秘密にせず完全にオープンにし、なおかつ、誰もがそれを無料（ただし一定のルールのもと）で利用したり改良できるようにしよう」という考え方です（あとでもう少し詳しく説明します）。これによって、多くの便利なソフトウェアが生まれ、育ち、普及していきました。

ところが、最も基本的で最も広く普及したソフトウェアであるUnixは、厳密な意味でのオープンソースではなかったのです。そこで、オープンソース版のUnixを開発するいくつかの試みが、1990年頃から始まりました。その中で、最終的に最も普及したのがLinuxだったのです。それまでは、大きなコンピュータにしか載らなかった有料のUnixが、Linuxという形で、パソコンの上に、しかも無料で載るようになったのです！

質問 LinuxはUnixの一種、ということですか？

答 ざっくり言えばそうです。たとえば日本語にもいろいろな方言があるように、Unixにもいろいろな種類のものがあります。ただ、Linuxは厳密にはUnixではない、という考え方もあります。この詳細は、インターネットで「UnixとLinux」をキーワードにして検索すると、いろいろわかります。

質問 **無料のUnixとしてLinuxができたら、商用のUnixは誰も使わなくなったのですか？**

答 いえ、そんなことはありません。商用Unixは、技術力の高いコンピュータメーカーが、自社製品の性能を最大限に発揮するために独自に作り込むので、用途によっては、今も立派に使われています。ただ、Linuxが広まってきたので、Linuxとの親和性を高めた商用Unixや、Linux同様にオープンソースとして無料で公開された商用Unixもあります。

質問 **基本ソフトって、Windowsとか、MacのOS Xとかのことですよね。私のまわりではコンピュータといえばWindowsとMacです。本当にUnixやLinuxって使われているのですか？**

答 確かに、パソコンではマイクロソフト社のWindowsとApple社のMac OS Xが強いですね。でも、実は、OS Xは、UnixをベースとしたOSなのです（Linuxではありませんが）！　パソコン以外、たとえばスマートフォンやタブレットでは、AndroidというOSが最もよく使われていますが、AndroidはLinuxをベースとしたOSです。また、たとえば、世界最速のスーパーコンピュータのランキング（TOP500 Supercomputer Sites）では、2016年6月時点での上位500機のうちLinuxを採用したのはなんと497機、そして残りの3機はLinux以外のUnixでした。

Linuxはオープンソース

Linuxが世界中で支持され、普及しているのは、世界標準であるUnixを受け継いでいるだけでなく、前述のように「オープンソース」だからです。オープンソースをめぐる歴史とドラマにはさまざまなものがあり、本書ではとても書ききれませんので、「オープンソース」で検索してみてください。

ここでは簡単にオープンソースの利点を述べます。まず、どんなソフトも、開発者が、コンピュータのプログラミング言語を用いて組み立てていきます。その工程を「プログラミング」と呼び、その成果物を「プログラム」とか「**ソースコード**」と呼びます。これをもとに、機械的な処理がなされて、実行可能なソフトができるのですが、開発工程で最も重要で本質的なのは、プログラミングであり、その成果物であるソースコードなのです。ソースコードには、そのソフトに関するほぼすべての技術的情報が、詳細に、直接、記載されています。たとえて言えば、「宝島の地図」みたいなものでしょうか（ちょっと違う？）。

オープンソースは、この、開発者の血と汗と涙でできた大切なソースコードを、惜しげもなく他人に公開してしまおう、という考え方です。ソースコードがあれば、そのソフトは原理的に完全に再現できるので、これは、そのソフトを無料で配ってしまうことにもなります。ソフト開発を生業にする人にとっては、自虐的・致命的な行為のようでもあります。

ところが、オープンソースを推進する人はこう考えるのです。「コンピュータが世の中に欠かせないものになった今、皆がよく使うソフトは、自由に無料で開放するほうが、結果的にそのソフトが広く普及し、それを土台にして業界は発展する。それに、インターネットを通じて見ず知らずの人がソースコードの中に不具合を見つけて直してくれたり、もっと良いものを作ってくれるかもしれない」……いかがですか？　まるで若者の青臭い理想主義のようですね。しかしこの考え方は、実際にうまくいっており、多くの優れたオープンソースソフトが誕生・普及するようになったのです。

オープンソースソフトは無料で自由に使える代わりに、整ったマニュアルや手厚いサポートセンターのようなユーザーサービスがあるとは限りません。だから、オープンソースを使うには「**自助努力**」が必要です。わからないことはユーザーが自分で調べ、考え、工夫するのです。そうやって問題を解決したら、インターネットを通じて、同じように困っている人に教えてあげるのです。つまり、「**互いに助け合う**」ことも大切です。オープンソースに惚れ込んだ人達は、そうやって、**自分のできることをやりながら、オープンソースを一緒に作り、育ててきた**のです。

質問 無料のソフトって、信用できないイメージがありますが。

答 そう考える人もたくさんいます。しかし、オープンソースは「質が悪いから無料」なのではなく、ポリシーがあって無料なのです。すべての技術情報を公開し、世界中の人に検証や改良をしてもらうのです。そうやって品質と安全性を確保するのです。

質問「世界中の人」と言ったところで、所詮、趣味やボランティアですよね。品質保証もないし、開発者が飽きたらおしまいなのでは？

答 そうやって消えていったオープンソースソフトもたくさんあります。しかしLinuxくらいメジャーになると、その開発やサポートをビジネスにする会社も現れ、多くのプロの技術者達が本気で関わります。一方、商業的なソフトが長生きするとは限りません。企業が開発から撤退したらおしまい、という可能性もありますよね。

質問 無料のソフトが普及すると、お金を出してソフトウェアを買う人がいなくなり、良い商用ソフトウェアが衰退してしまうのでは？

答 そう考える人もいます。しかし、オープンソースは「公共財としてのソフト」なのです。公共財を無料で開放することで、社会の生産性が上がるのです。それは商業主義の否定ではありません。商業も公共財の上に成り立つのです。たとえば道路や橋という公共財が無料で使えるから自動車や自転車が商品として売れ、宅配便のようなサービスも成り立つように、基本的なソフトウェアが無料だからこそできるビジネスモデルもあるのです。商用ソフトやオンラインサービスも、オープンソースをうまく組み込めば、高品質のものを低コストで作れます。実際、GoogleやFacebookは、多数のオープンソースソフトを利用し、また、自らもオープンソースソフトの開発に貢献しています。そのように、オープンソースと商業は、必ずしも対立するのではなく、一緒に発展していくのです。

ところで、オープンソースは科学研究と相性がよいのです。科学では、重要な学説は、多くの人が再現したり確認しないと認められません。実験や理論の細部まですべて公開され、チェックできるようになっていること、すなわち「**検証可能性**」が科学の原則です。「凄いのができたけど、詳しいことは秘密」というようなものは相手にされないのです。ところが、研究の中で使われたソフトウェアのソースコードが公開されていなければ、その内部でどういう処理や計算をやっているのかわかりません。つまり、検証可能性が崩れてしまいます。だから、科学研究では基本的にオープンソースを使うべきだと私は考えています。

また、オープンソースは、学校、特に公立学校での教育とも相性がよいのです。特定の商用ソフトを使って教育すると、生徒達はその使い慣れた商用ソフトを将来的にも使いたがるでしょう。これは、公教育が特定の商品の普及を促すということであり、公正とは言えません。それに、商用ソフトを買う経済力の有無によって、教育格差が生じかねません。また、教育現場では人の出入りが激しいため、購入したソフトをライセンスどおり運用するのは難しいのです。たとえば、生徒が黙ってソフトのコピーを持ち出してしまうかもしれません。学校は、悪意がなくても、管理のミスによって、契約ライセンス数よりも多くのコンピュータに商用ソフトをインストールしてしまうかもしれません。もしソフトにコピー防止機能があればそういうトラブルはなくなりますが、コンピュータが壊れたりコンピュータを更新するときに、そういう機能が障害になって、ソフトを別のコンピュータにうまく移し替えることができないかもしれません。

オープンソースにはそのようなことが起きない（起きても問題にならない）のです。

直感的な操作（GUI）と論理的な操作（CUI）

さて、人がコンピュータを操作するには、人の意思を何らかの手段でコンピュータに伝えねばなりません。スマホやタブレットPCではタッチパネルを指でなぞりますね。パソコンではマウスを使ってウィンドウやアイコンをクリックしたりドラッグしたりします。これらは視覚的・直感的であり、多くの人にとって敷居の低いやり方です。

ところが、複雑で繊細な操作をしようとすると、これではうまくいかないのです。たとえば、

「フォルダ内のすべての画像ファイルを選び、各ファイルの作成日をファイル名の先頭に付け、backupという名前のフォルダにコピーする」

というような操作は、タッチパネルやマウスでは簡単にはできません。何かのアプリを使うにしても、どこにどのようなメニューがあり、どこのボタンを押し、どの数値を変えればよいのか、ということを、次々にドアを開けるように探って

いく必要があります。

　このような複雑で繊細な操作は、タッチパネルやマウスのように「直感的に操る」やり方ではなく、「言語的・論理的に操る」やり方が必要なのです。そこで、Unixでは、アルファベットの単語の羅列のような**コマンド**（命令）をキーボードから打ち込むことで基本的な操作を実現します。たとえば、上述の操作はUnixでは以下のようなコマンドでやるのです。

```
for i in *jpg; do cp $i backup/`date -r $i +%Y%m%d`_
$i; done
```

この意味は、今はわからなくて構いません。おいおい説明していきます

　どう見ても、面倒くさい、とっつきにくいやり方ですね。ところが、これこそが、多様で複雑・繊細な要求をシンプルで柔軟にコンピュータに伝えるという意味では、ベストなやり方なのです。

質問 その例のコマンドは、シンプルどころかむしろ複雑に見えますが……。

答 「フォルダ内のすべての画像ファイルを選び、各ファイルの作成日をファイル名の先頭に付け、backupという名前のフォルダにコピーする」という文章と上のコマンドを比べてみましょう。語数や文字数は少なくなっています。つまり、やりたいことをまわりくどく言い換えたり視覚化したりせずに素直にコンピュータに伝えることができているのです。「シンプル」とはこういうことなのです。

質問 でも、こんなの、どうやって思いつくのですか？

答 この長いコマンドは、いくつかの短い基本的なコマンドからできています。それらを覚え、組み合わせ方を理解すれば、誰でも思いつくようになります。語学の勉強に似ていますね。でも、語学だと、数千の単語と分厚い文法書をマスターしないと使えませんが、Unixのコマンドなら、数十個の基本的なコマンドとシンプルな文法だけで大丈夫です。

質問 ウィンドウやアイコンをマウスやタッチパネルでいじるほうが楽なような気がしますが？

答 お寿司屋さんでたとえてみましょう。アイコンやマウスの操作は、流れてくるお寿司を選んで取る回転寿司みたいなものです。寿司の名前や種類をよく知らない外国人や子どもにはとても親切ですね。一方、あなたが寿司通なら、「今日のおすすめは？」「いいコハダが入ってますよ」「それもらおうかな、連れの子にはさび抜きで。それとシメ鯖を」「ごめんなさい、シメ鯖は今日はもう終わっちゃって」というようなやりとりを職人さんと交わしたいですよね。言葉というのは、このように繊細で柔軟で論理的なやりとりに向いているのです。コマンドの操作は、あなたと職人さん（コンピュータ）の間で「言葉でのやりとり」を実現するのです。

ウィンドウやアイコンをマウスやタッチパネルで操作するやり方を、GUI（graphical user interface）と呼びます。それに対して、コマンドをキーボードで打ち込んで操作するやり方をCUI（character user interface）と呼びます（CLI = command line interface とも呼びます）。

おおざっぱに言って、WindowsやMacはGUIがメインです。それに対して、UnixやLinuxでは昔からCUIがメインです。CUIのとっつきにくさから、世間では「UnixやLinuxは難しい」と思われている面があります。しかし現在では、UnixやLinuxにも、優れたGUIがありますので、「CUIを覚えないとUnixやLinuxを使えない」というものではありません。ただ、UnixやLinuxの「本来の」使い方は、CUIを基本にしたものなのです。

質問 **確か、Mac OS XはUnixだし、AndroidはLinuxだとさっき書いてましたよね？　でもMacやAndroidでコマンドを打ち込んだりしませんよ……。**

答 それらの中では確かにUnixやLinuxが動いているのですが、それぞれ独自の優れたGUIを搭載しているので、ユーザーは普通、それだけを幸せに使っています。でも、MacをUnixとして使おうとするユーザーもたくさんいて、その人たちはMacにコマンドを打ち込んで使っています。

質問 **えっ？　UnixやLinuxはCUIがメインなのでしょう？　なら、「CUIを使わないUnixやLinux」って、何なのですか？**

答 CUIは、UnixやLinuxの強みの１つにすぎません。他にも、安定性（信頼性）や、オープンソースであること（Linux）、そして幅広い技術者層を持っていることも強みなのです。

CUIにも、短所があります。それは、長所の裏返しでもあるのですが、視覚的・直感的ではない、ということです。たとえばプレゼンテーションのスライドを作るときは、スライドの上の素材の配置、大きさ、色などを試行錯誤しながら決めていきますよね。そういう作業は画面上のものをマウスでぐりぐり操作できるGUIが便利です。画像や動画の編集もそうです。ホームページを閲覧するときも、画面上のリンクを手軽にクリックできるGUIのほうが便利です。「いや、それもCUIでできる！」という人もいますが、できる／できないの話でなく、多くのユーザーにとってどちらが快適かという観点では、そういう操作についてはGUIのほうが適しているのです。

要するに、GUIとCUIのどちらがいいかは、用途や目的によるのです。Linuxのよさは、もともと優れたCUIを持っていたところに、最近はGUIもよくなってきた、という点にもあるように思います。

質問 CUIって、コマンドを覚えるのが大変そうです……。

答 確かに、ある程度の数のコマンドを覚えないと使い物になりませんからね。でも、覚えてしまうととても楽ですよ。それには大きな利点もあります。それは、「覚えたことがほとんど陳腐化しない」ということです。Unixのコマンドの多くは、過去何十年も使われ続けており、今も現役です。将来も使われ続けるでしょう。一方で、どのOSも、GUIはまだ変化や発展が激しいです。WindowsのGUIがバージョンアップに伴って大きく変更されるたびに、「せっかく古いのに慣れたのに、新しくなって使いにくい！」という悲鳴をよく耳にしますが、Unixのコマンドにはそのようなことはありません。ちなみに私は本書を書くために、20年以上前のUnixの入門書を何冊も調べてみましたが、その中のCUIに関する記述は、今でもほとんどそのまま使えるものでした。

なぜLinuxを学ぶのか？

家庭用や業務用のアプリケーションソフトや周辺機器の多くはWindows向けです。なのに、なぜ我々はUnixやLinuxを学ぶのでしょうか？　その答えは、いずれあなたにも明らかになるでしょう……と言っても満足していただけないでしょうから、私の体験を語らせてください。私は最初はUnixが嫌いだったのです。

1991年、私が大学4年生のとき、私のいた学科のコンピュータはすべてUnixでした。ある教官は「Unixは将来もずっと役に立つ」と言っていました。しかしMacが好きだった私には、UnixのCUIは面倒で仕方ありませんでした。「UnixなんてMacに負けて滅びてしまえ！」と悪態をつきながら（笑）、私は仕方なくUnixを勉強しました。

大学卒業後、私は地球物理学や森林科学、生態学などに首を突っ込んだ末、あの教官が正しかったことを知りました。人工衛星を使った研究で米国に滞在したとき、そこのメインコンピュータはUnixでした。シミュレーションソフトや大規模なデータ処理システムのほとんどがUnixで作られていたからです（今もそうです）。帰国後、研究費不足に悩む私を、今度は無料のLinuxが救ってくれました。おかげで私が大学で嫌々学んだUnixスキルの多くは今も現役です。一方で、MacがUnix（OS X）をベースにしたOSに生まれ変わってしまったことには驚きました。

Unixは Windowsも Macもなかった頃に生まれました。その後、Unixには多くの新技術が加わっていますが、大枠はほとんど変わっていません。それなのにUnixは時代遅れになっていません。それは、Unixがもともとよくできていたからであり、長い時間をかけて多くのユーザーに検証され、信頼を勝ち得た結果、もはや大きく変更する必要がないからでもあります。そのような状況を、よい意味で「**枯れている**」と表現します。Unixは、数十年前からすでに枯れており、今も輝く老舗なのです。

インターネットの普及とLinuxの出現で、Unixはますます隆盛です。UnixやLinuxを学ぶことで、何年たっても色褪せない、それどころか年を経るごとにますます輝くような知識や技能を得ることができるのです。

質問 あなたの研究室の学生さんはみんなLinuxを使っているのですか？

答 はい。全員、Linuxを中心とするオープンソースソフトを勉強し、使っています。だから、ソフトのライセンス維持の手間やコストはほぼゼロです。卒業するときは、彼らのデータと一緒に、ソフトもまるごと、コピーを持って行かせます。

Linuxだけで OK？

Linuxは素晴らしい！　とはいうものの、あなたには、

LinuxはWindowsやMacより優れているとか、何でもできる、と思っていただきたくはありません。実はWindowsやMacにも、Unix的な機能がありますし、LinuxではできないけれどWindowsやMacでは簡単にできることもたくさんあります。そこを誤解してWindowsやMacをすっぱり捨ててLinuxに移行すると、苦労しかねません。私自身は、ポリシーとして、可能な限りLinuxを使っていますが、それでも、Windowsでしか動かないソフトを使わざるを得ないようなとき（特に、計測機器を制御するとき）にWindowsも使っています。

質問 **WindowsやMacのソフトはLinuxでも動くのですか？**

答 ソフトによっては、Windows版やMac版と共にLinux版が出ているものもあり、それらは当然、Linuxで動きます。しかし、WindowsやMacだけに作られたソフトは、原則としてLinuxでは動きません。ただし、Linuxの上でWindowsのソフトを動くようにしよう！　という夢のようなプロジェクトがあり、そこで作られている「Wine」というソフトの力を借りれば、Windows用のソフトがLinuxの上で動くこともあります。ただ、それにはトラブルがつきものですので、根気と技術力が必要です。

質問 **Linuxでは難しいことって、具体的には？**

答 最も困るのはOfficeソフト（表計算やワープロ、プレゼンソフト）です。LinuxではMS-Officeは走りません。代わりにLibreOfficeやApache OpenOfficeというオープンソースのオフィスソフトがLinuxで走りますが、あいにく、MS-Officeのファイルの再現性が今ひとつです。だから、MS-Officeユーザーとファイルのやりとりをするときに苦労します。また、LINEやiTunes、GoogleEarthプラグインはLinuxではほぼ使えません（GoogleEarth自体は使えます）。インターネットサービスプロバイダは、Linuxユーザーの存在をほとんど認識していませんので、自宅でネットにつなぐときにサポートセンターが頼りにならないということもあります。USBメモリや外付けハードディスクがWindowsやMacで暗号化されていると、Linuxでは読み書きできないことがあります。ネット上の一部の動画の再生もできません。プリンタやスキャナ、ネットワークカード（特に無線LAN）などの、いわゆる周辺機器も問題が起きやすいです。特に、新しい製品は、Linuxで使えないものがあります。少し時間がたてば使えるようになることも多いのですが、メーカーがLinuxでの利用をサポートすることは多くはありませんので、トラブル時にサポートセンターに相談してもらちがあきません。

質問 えっ？　新しいものは使えないのですか？　感覚的には、むしろ「古いものは使えない」のが普通かなと思うのですが……。

答 周辺機器メーカーは、周辺機器を制御するためのソフト（ドライバといいます）を、WindowsとMacのためにしか開発してくれないことが多いのです。そういうとき、Linux用のドライバは、例によって、Linuxのコミュニティの中で技術力と公共心を持った人がオープンソースとして開発するのです。新製品が出てからそのLinux用のドライバが現れ、多くの人が使うLinuxに組み込まれるまで、時間差があるのです。

質問 **うーん、そんなに不便なら、Linuxって、ほとんどメリットがないような気がしてきました。「オープンソースのよさ」はわかるけど……。**

答 普通にパソコンを使う分には、「無料」以外に劇的なメリットはないかもしれませんね。でもあなたがいつか、巨大なスーパーコンピュータを使ったり、あるいは、小さなコンピュータを何十台も同時に使ってシステムを組んだりするような仕事をすることがあるなら、「Linuxありがとう！」と叫びたくなるでしょう。私の印象では、Linuxは、頑固で腕のよい職人みたいなものです。ユーザーの要求をきちんと伝えないと動いてくれず、すぐに怒ります（エラーメッセージを出します）。しかし、ユーザーがしっかり考えて論理的に正しい要求をすれば、驚くほど柔軟に、よい仕事を確実にやり遂げてくれます。そのようなやりとりを通じて、ユーザーも成長するのです。

Linuxのキーワード

さて、Linuxをスムーズに使うには、Linuxの構造や仕組みを多少理解する必要があります。実際は「使いながら理解する」のがよいのですが、とっかかりとして、「まずはこれだけ理解して覚えてほしい」ことを、ざっくりと説明します。詳細を知りたければネット検索してみてください。

コミュニティ……本来は「共同体」という意味ですが、Linuxやインターネットでは、「何か特定のソフトの開発者とユーザーからなる、自発的な集まり」というような意味です。

カーネル……Linuxの中枢部をなすソフトです。リーナス・トーバルズが率いるコミュニティが一元的に管理・開発しています。カーネルがなければLinuxではありません。とはいうものの、カーネルだけでは機能が少なすぎて、実用的ではありません。

ファイル……WindowsやMacでいうところの「ファイル」とほぼ同じ概念です。文書や画像、動画、プレゼン資料、各種の設定情報など、コンピュータで扱われる情報のひとまとまりの単位です。

パッケージ……１つのソフトを、インストールしやすい形にまとめたものです。１つのソフトは、たくさんのファイルから構成されており、それを個々のコンピュータにインストールするのは結構面倒くさいのです。それを簡単にできるようにひとまとめにしたものがパッケージです。カーネルもパッケージとして提供されます。

ディストリビューション……カーネルにいろいろなソフトを組み合わせて使いやすくしたものです。いろいろな流派があり、個性を競っています（次ページの図1-1）。カーネルは１つ（の系列）だけが存在しますが、ディストリビューショ

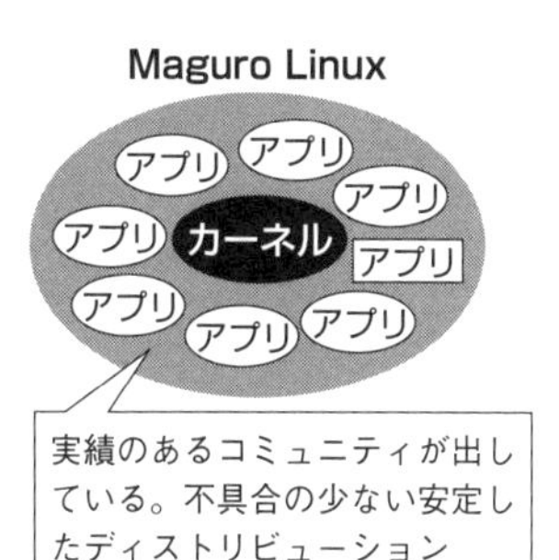

実績のあるコミュニティが出している。不具合の少ない安定したディストリビューション

Kujira Linux

カーネル

アプリ

有名企業がサポートしている。新しいアプリがたくさん入ったゴージャスなディストリビューション

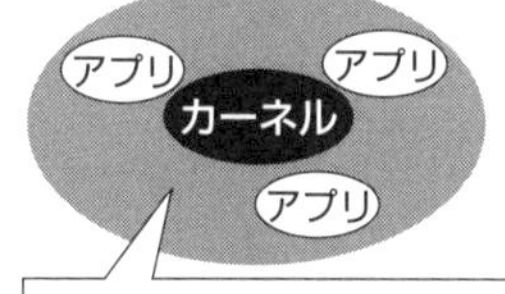

軽量で、古いPCでもさくさく動くディストリビューション

どのディストリビューションも、
基本的にカーネルは共通

図1-1　Linuxのディストリビューションの概念図
「Maguro Linux」「Kujira Linux」「Iwashi Linux」は、この概念図のための架空のディストリビューション名

ンは、1000種類以上が存在し、それぞれ独自のコミュニティが開発しています。ユーザーは、自分好みのディストリビューションを選んでコンピュータにインストールするのです。ちなみに、各ソフトのパッケージは、ディストリビューションごとに作成され、配布されます。各ディストリビューションは、それぞれ、半年～1年くらいの間隔でバージョンアップされます。

質問 **人の作ったディストリビューションを使わずに、自分**

で勝手にソフトを組み合わせてもいいのですか？

答 もちろん構いませんが、難しいですよ。というのも、1つのディストリビューションは数千本ものソフトが組み合わさってできていて、ソフト同士の依存関係が細かく調整されています。そういうのを個人でやるのは技術的にも労力的にも大変です（私にはできません）。

質問 どのディストリビューションがよいのでしょう？

答 これこそアイドルの人気投票みたいなもので、人それぞれに好みやこだわりがあり、結論の出せないテーマです。「Linuxディストリビューションの比較」でネット検索してみてください。本書はUbuntu（ウブンツ）とRaspbian（ラズビアン）というディストリビューションを想定しています。

ディレクトリ……Windowsで言うところの「フォルダ」です。**Unix業界では「フォルダ」とは言わず「ディレクトリ」と言う**のです。ファイルや別のディレクトリを入れる容れものです。

マウント……ハードディスクやUSBメモリなどをつないだとき、Windowsでは、それらを独立した「ドライブ」として認識しますね？　ところが、Unixでは違うのです。「ドライブ」という概念がないのです！　Unixでは、ハードディスクやUSBメモリは、まず「デバイスファイル」というファイルとして認識されます。そしてそれを、1つのディレクトリとして認識させるのです。この操作をマウントといいます。「わからん！」と思うあなた、大丈夫です。そのうちわかります。まずは言葉に慣れてください。とりあえずここで知ってほしかったのは、「Linuxにはドライブ概念がない」ということと、その代わりに「マウント」という仕組みがあるということです。

シェル……LinuxのCUIを提供するアプリというかソフトというかシステムのことです。

質問 「シェル」ってよくわかりません。本来、LinuxはCUIで使うものなのですよね？　じゃあ、シェルって、Linux自体のことですか？

答 違います。シェルはLinuxの一部にすぎません。実はCUIがなくてもLinuxは走るのです。たとえばAndroidはLinuxですが、コマンドを打ち込んだりしませんよね。Androidには、あえてシェルが載せられていないのです。

質問「シェル」って、要するにCUIのことですか？

答 半分くらい正しいです。CUIは機能。シェルはその機能を実現するソフト。「飛ぶ」という機能を実現するのに「飛行機」という機械があるように、「CUI」という機能を実現するのに「シェル」というソフトがあるのです。「飛行機」にはいろいろな種類（YS-11やボーイング787など）があるように、シェルにもいろいろなソフトがあります（csh、bash、zshなど）。ソフトごとに、微妙にコマンドや使い方が違います。「わからん！」という人は、とりあえずシェルとはLinuxのCUIのことだ、と思っていてもOKです。

質問 ちょっとちょっと！　本来、「シェル」はもっと広い概念で、GUIを提供するシステムもシェルですよ。「シェルとはLinuxのCUIのこと」なんて不正確なこと言わないでください！

答 おっ、あなたはLinux上級者ですね。ごめんなさい、そういう人には本書は不正確と思われるところが多々あるでしょう。でも、UnixやLinuxで「シェル」と言えばほとんどの場合、上述のようなものを指すということは、あなたならご存知ですよね。もちろん用語の厳密な定義は大切ですが、それはあとから気づくこと。「とりあえずこういうことだと思っておけばいい」を本書では示したいと思います。

質問 私は初心者ですが、ちゃんと正確なことを学びたいと思います。

答 その気持ち、よくわかります。でも、正確さを気にしすぎると、そのうち疲れて嫌になってしまいますよ。そうなったら元も子もありませんよね。それに、「正確な理解」には、どうしても長い説明が必要なので、このような入門書では限界があります。「いずれもっと正確な知識で置き換えるときが来るだろう」という心構えで学ぶほうが、「正確なことしか学ばないぞ！」という態度でいるよりも、多くを速く学べるし、結局は「正確なこと」に到達する近道だと思います。

ターミナル……シェルを画面に表示するアプリというかシステムのことです。「端末」とか「コンソール」とも言います。「ターミナルエミュレータ」と言うこともあります。第

３章からは、このターミナルを用いてLinuxを操作していきます。

質問 「シェル」はCUIを提供するソフトですよね。CUIではコマンドを打ち込むのだから、画面に出なくては意味ありませんよね。なら、画面表示、すなわちターミナルもシェルの一部ではないのですか？

答 いえ、画面機能とシェルは、あくまで別です。Unixには、**いろいろな機能をできるだけ細かく切り分けて作り込む**という設計思想があります。画面を担当するソフト（ターミナル）とコマンドを解釈するソフト（シェル）をあえて分けることで、思いもかけない柔軟な使い方ができるのです。本書ではその具体例を示すことはできませんが、あなたにもいずれそれがわかる日が来るでしょう。

まとめ　そのうち慣れるから大丈夫！

いかがでしたか？　本章を読んでも、今ひとつピンとこない、よくわからない、という気持ちが残ったかもしれませんね。最初はそれで十分だと思います。これから徐々にLinuxに触って慣れていくうちに、「ああ、あれはそういうことだったのか」と思っていただけるような場面がきっと来るでしょう。というわけで、次章からLinuxに実際に触ってみましょう！

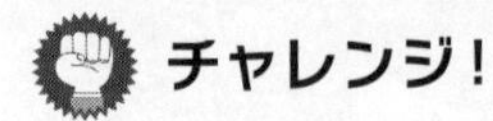

チャレンジ！

本章で学んだ知識を応用し、理解を深める演習問題です。解けなくても、これ以降の内容を読むのに支障はありません。

演習1-1

あなたの身の回りにある電気製品、特にテレビやDVDレコーダー等に、Linuxが入っているかどうか調べてみましょう。

【ヒント】製品名とLinuxをキーワードにして検索してみましょう。製品のマニュアルの中にもLinuxという言葉が見つかるかもしれません。

演習1-2

Linuxを含めたオープンソースは、GNUというプロジェクトから大きな影響を受けています。GNUについて、ネットで検索して、どのようなものか調べてみてください。

演習1-3

Linuxに関して、1997年にエリック・レイモンドという人が書いた「伽藍(がらん)とバザール」というタイトルの有名なエッセイがあります(各国語に訳されインターネット上で公開されています)。それは「Linux は破壊的存在なり。インターネットのかぼそい糸だけで結ばれた、地球全体に散らばった数千人の開発者たちが片手間にハッキングするだけで、超一流のOSが魔法みたいに編み出されてしまうなんて……」(山形浩生訳) という文章で始まります。これを探して、流し読みしてみてください。

第2章

Linuxを使ってみよう！ でもどこで……？

たとえばAndroidのスマホやタブレットを普通に使うだけでも立派に「Linuxを使う」ことになります。AndroidはLinuxをベースにしたOSですからね。でもそれで「私はLinuxを使えるのです！」と胸を張って言う気にはなりませんよね。第1章で述べたように、Linuxの強み（の1つ）はCUIですから、**まずCUIを使いこなしてこそ**「Linuxを使ってる自分、カッコイイ！」という気になれるというものです。そのためにはLinuxのCUI、つまり「シェル」を使える環境を用意しなければ話が始まりません。それには、後述するように**自分専用のLinux専用パソコンを用意するのがベスト**です。しかし、「ちょっと体験する」だけなら、他にもいくつかの方法があります。手軽な順から並べると……

1. AndroidでCUI

AndroidはLinuxですから、Androidのスマホやタブレットでシェルが使えます。Terminal Emulator for Androidというアプリをインストールして、実行してみてください。黒い画面が出て上のほうに白い小さな文字が現れるでしょう。そこで「date」とか「ls」というコマンドを打ち込んでみてください（lは数字のイチではなくアルファベット小文字のエルです）。何か出てきましたか？　おめでとう！　あなたはもう「Linux使い」です。同時に、「ああ、Androidもやっぱり Linuxなんだ……」と思っていただけるのではないでしょうか？　とはいうものの、Androidはスマホやタブレット用に作り込まれていて、Linuxの入門向けには適さないので、**これで学習するのはやめておきましょう**。

2. Mac OS XでCUI

MacはLinuxではありませんがUnixですから、Linuxと同じようなシェルが使えます。[アプリケーション]→[ユーティリティ]→[ターミナル]でシェルが立ち上がります。画面が出て上のほうに小さな文字が現れるでしょう。そこで「date」とか「ls」というコマンドを打ち込んでみてください。何か出てきましたか？　おめでとう！　あなたはもう「Unix使い」です。とはいうものの、MacのUnixとLinuxは、違うところも多々ありますので、**本書の以後の内容があてはまらないこともある**でしょう。

3. すでにLinuxが入っているパソコンを探す

もしあなたが大学生なら、大学の共用コンピュータシステムを使う権利（アカウント）を持っているのではないでしょうか？　多くの場合、大学の学生用共用コンピュータはWindowsかMacですが、Windowsとのデュアルブート（43ページで後述）でLinuxも使える場合があります。その場合は、Linuxにログインするだけで、すぐにでもシェルが使えます。ただ、**これだとちょっと物足りないでしょう**。使いたいコマンドやソフトが入っていないこともありますし、セキュリティのために、Linuxの内部の深いところへのアクセスが禁止されているでしょう。それに、このような「お仕着せ」ではなく、自分でLinux環境を整えることも、とても大切な勉強なのです。いろいろなディストリビューションを試したり、ソフトのインストールやバージョンアップをしたりということを通して「Linux力」は上がっていくものです。ですから、ある程度を大学のLinuxで学んだら、いずれは自力でLinuxパソコンを仕立ててみてくださいね。

4.　WindowsパソコンにCygwinを入れる

Windowsパソコンの上で、Unixのシェルとよく似た環境を実現してくれる、**Cygwin**というオープンソースソフトがあります（ネットで検索してみてください。インストールも簡単です）。本書のかなりの部分がCygwinでもできますし、実際、便利です。でも、**これはガチのUnixやLinuxではないので、これでLinuxを勉強するのはちょっと無理です。**

WindowsやMacでなんとかしてLinuxができないか？

さて、自分専用のLinux専用パソコンを用意してくださいと言われても、多くの人が悩みます。というのも、どのパソコンにもたいていすでにWindowsやMac OS XといったOSが入っていて、それがLinuxを入れる際に邪魔になるのです。

古いバージョンのOSなら、セキュリティの問題もありますので、この機会に消してしまうのもアリかもしれません。その決断ができるのなら（その場合、作業はとても簡単になります！)、次の３つの節は読み飛ばしてください。

でも、WindowsやMac OS Xを消してしまうのはもったいない、なんとかしてそれらを消さずにLinuxを入れたい、と思う人は、多少、技術的なチャレンジをする必要があります。といってもそれほど難しくはありませんが、万一、操作をミスすると、パソコンが壊れたり、大事なデータや元のOSが消えてしまったりする可能性があります。それを納得していただいた上で、３つの選択肢をご紹介します。

ハードディスクを付け替える

１つはハードディスクを取り替えることです。パソコンのケースをドライバーで開けて、Windowsが入ったハードディスクを取り外し、代わりに、空っぽのハードディスク（パソコン屋さんで売っています）を付け替え、そこにLinuxをインストールするのです。そうすれば、戻したくなったとき、元のWindowsのハードディスクに付け戻せばいいのです。

質問 ハードディスクの取り替えなんて、難しそうです……。

答 デスクトップパソコンなら、初心者でもできると思います（ノートパソコンはちょっとハードルが高いです)。「パソコン　ハードディスク　交換」で検索してみてください。とはいえ、ハードウェアをいじるにはそれなりのリスクがありますので、まず、既存のデータを**しっかりバックアップ**し、なおかつ、壊れてもいいようなパソコンでやってみましょう。あくまで自己責任でお願いします！

質問 パソコン屋さんで売っていると言われても……どの製品を買えばいいのでしょう？

答 ハードディスクも製品によっていろいろ規格や容量の違いがありますからね。とりあえず、あなたのパソコンの中にもともと入っていたハードディスクの写真を携帯で撮影し、パソコン屋さんで「こういうのがほしいです」と言ってみてはどうでしょう？

質問 パソコン屋さんに行ってハードディスクを買おうとして、店員さんに「Linuxを入れたいんですけど」と言ったら、「それならサポートできません」と言われてしまいました。大丈夫でしょうか……？

答 パソコンでLinuxを使っている人はまだ少数派ですから、世の中の多くのパソコン屋さんは、WindowsやMacしかサポートしてくれません。その不安を乗り越えることから「Linux使い」への道が始まるのです！

デュアルブート

2つ目は「デュアルブート」です。デュアルブートとは、1台のパソコンに複数のOS（この場合はLinuxとWindowsまたはMac OS X）を同居させ、起動するたびにどちらかを選択するという仕組みです。ハードディスク交換と違い、パソコンのケースを開けて内部をいじるという必要はありません。ただし、先述のディスク交換よりも、**リスクはさらに大**

きいです。私の周囲でも、デュアルブートをもくろんで失敗し、元のOSを失う悲劇がしばしば起きています。それによって踏ん切りがついてLinuxの達人になる人もいますが（人間万事塞翁が馬）。

仮想環境

最後の選択肢は「仮想環境」です。ゲームが仮想的な世界（空や森や都市）をコンピュータの中に構築するように、いろいろなものがコンピュータの中に仮想的に構築できます。ということは、コンピュータもコンピュータの中に仮想的に構築できるのです。何それ!?　と思うかもしれませんが、これはいわゆるコンピュータシミュレーションの一種です。そもそもコンピュータはいろいろな部品（ハードウェア）からできており、それぞれの部品の仕組みは完全にわかっている（仕様書に書かれている）ので、それをソフトウェア的に表現することは可能なのです。そうすれば、すでにOSが走っているコンピュータの中に、1つのアプリとして、仮想的なコンピュータを構築できるのです。これを「仮想環境」と言います。現在走っているOSとは違うOSを、仮想環境の上にインストールし、走らせることができます。たとえばWindowsやMac OS Xで走っているパソコンの上に仮想環境を構築し、その上にLinuxをインストールすれば、WindowsマシンやMacの中で仮想的にLinuxマシンが動いている、ということになるわけです。

世の中には無料でオープンソースの仮想環境（を実現するソフト）がいくつか出ています。たとえばVirtualBoxや

QEMUというものがあります。それらをダウンロード・インストールし、ネットで検索してやり方を調べれば、数時間後にはあなたのWindowsやMacの上でLinuxが動いているでしょう！

これはかなりガチのLinux環境と言えます。ただ、何かトラブルやわからないことがあったときに、それがLinuxの問題なのか、仮想環境の設定などの問題なのか、問題の切り分けが難しいのが欠点です。

質問 デュアルブートと仮想環境の違いがよくわからないのですが……。

答 両方とも、複数のOSを１つのコンピュータに入れるという点は同じです。でも、仮想環境は、同時に複数のOSを走らせる仕組みですが、デュアルブートでは、同時に走るOSは１つだけです。

Linux専用のパソコンを用意するのが、結局は楽

以上で述べた、どのやり方にしても、どこか面倒くさかったり、「できないこと」が残ってしまったり、何かとトラブルの種があるものです。もちろん、技術力がある人にはトラブルも乗り越えられるでしょうが、初心者には大変ですよね。その点、自分専用・Linux専用のパソコンなら、問題はほとんどありません。システムとしては最もシンプルでわかりやすいし、思う存分「いじり倒す」ことができるので、腰を据えてLinuxを学んでいけるのです。そうやってきちんと基礎を修得すれば、前述したいろいろな選択肢にも余裕を持

って挑戦していけるはずです。

とはいえ、Linux専用にするためにパソコンを1台、自前で用意するには、多少財布が痛いかもしれません。しかし、最新の高級パソコンを買う必要はないのです。店頭やネットで売っている、中古パソコンでも大丈夫でしょう。といっても、あまり古すぎると、動作が重かったりフリーズしたりして、何かとトラブルの元ですので、最近10年以内に作られたものを選ぶのが賢明です。いずれにしても、Linux専用にするなら、あらかじめOSが入っていなくても構いませんし(新品の場合はそのほうが安くなるでしょう)、古いOSが入っていてもOKです。どうせLinuxで上書きして消してしまいますから。むしろ、サポートの終わった古いOSの代わりにLinuxを入れれば、パソコンを再生することができます。

どのディストリビューションを使う？

自分専用・Linux専用にするパソコンを用意したら、次にすべきことは、世の中にたくさんあるLinuxディストリビューション（前章で説明しましたね）の中から、どれか1つを選ぶことです。本書では、Ubuntu Linuxというディストリビューションをおすすめします。ユーザー層が厚くて、日本語のサポートや、各種アプリケーションソフトも充実しているからです。

というわけで、以後、本書は、**自分専用・Linux専用のパソコンを用意しUbuntu Linuxをインストールすることをメインに想定**して話を進めていきます。なお、インストールするハードディスクには、データが入っていないか、もしくは、消えても構わないデータしか入っていないものとします。Windowsとのデュアルブートは想定しません。

Ubuntu Linux

多くのLinuxディストリビューションの中で、2016年時点で最もメジャーなものの1つがUbuntu Linuxです。Ubuntu Linuxは、他の多くのLinuxディストリビューションと同様に、無料です。毎年、4月と10月にバージョンアップしています。2016年夏の時点での最新は2016年4月にリリースされた、バージョン16.04です。この16は2016年を意味し、04は4月を意味します。このように、Ubuntu Linuxのバージョン番号は、西暦の下2桁と月2桁を、ドットを挟んで並べたものと定められています。

ここで1つ注意すべきことがあります。普通、ソフトは最新版がベストだと思われるかもしれませんが、Linuxのコミュニティではそうは考えません。最新版は、革新的な試みが詰まっている分、それに伴う不具合も多いかもしれないのです。要するに「枯れていない」のです。第1章でお話ししたように、「枯れている」というのはとても大切なことです。

もちろん、不具合は新しいバージョンで改善されるのですが、一方で、新しいバージョンにはさらに新しい仕組みやソフトも追加され、それが新たな不具合の元になります。要するに、バージョンアップは、不具合の改善と新規拡張のイタチごっこなのです。これはソフトウェア開発におけるジレンマです。「革新的」と「枯れている」は、なかなか両立しないのです。

そこで、Ubuntu Linuxでは、頻繁に新バージョンを出すのと並行して、特定のバージョンについて、長期間、サポートする（不具合を洗い出し、直し続ける）ことにしています。これをLong Term Support、略してLTSと言います。LTSのバージョンは、多少古くても、というより多少古くなった分だけ、不具合が改善されるので、安心して使えます。その分、ユーザー層も厚くなり、解説本がたくさん出版され、ネット上でノウハウが検索しやすくなります。つまり、ほどよく「枯れる」わけです。ですから、初心者には、最新のバージョンを選ぶのではなく、LTSのバージョンを選ぶことをおすすめします（といっても、古すぎるLTSはサポートが終わっているので、最も新しいLTSを）。どのバージョンがLTSなのかを知るには、「Ubuntu LTS」で検索すればOKです。本書は執筆時点の最新LTSである**バージョン16.04を想定して、以後、話を進めます**。

脱線　Raspberry Piという手もある

ここでちょっと話を脱線させてください。自分専用・Linux専用のマシンとして、安価で小さなLinux専用機を使うという手もあります。代表的なのがRaspberry Pi（ラズベリーパイ、略してラズパイ）です。これは一般的な「パソコン」よりも性能は低いですが、とても安価ですから、パソコンよりも気軽に買えます。といっても、Raspberry Piは、「安物のおもちゃ」ではありません。いろいろな機器制御やサーバーとしてガチで使われています。ですからRaspberry

PiでLinuxを勉強したい！　という人も多いでしょう。

Raspberry Piにも、どのLinuxディストリビューションを入れるかという点ではいくつかの選択肢があるのですが、Raspberry Pi専用のLinuxディストリビューション"Raspbian（ラズビアン）"を使うことが多いです。Ubuntu Linuxを入れることもできます。実はUbuntu LinuxとRaspbianは、Debianという有名なLinuxディストリビューションを祖先に持つ「親戚」同士です。したがって、Ubuntu Linuxに関する事柄の多くは、Raspbianでも通用します。

Ubuntu Linuxをインストールしよう

話を戻します。Ubuntu Linuxはさまざまな方法でパソコンにインストールできますが、ここでは「インストールDVD」を用いましょう。ただし、Ubuntu Linuxの適切・簡単なインストール法は、時代と共に状況が変わっていきます。以下の説明で「ん？　何か違うぞ、うまくいかないな」と思ったら、ネットで「Ubuntu インストール」などのキーワードで検索して、最新の情報を調べてみてください。

まず、インターネットに接続されたパソコン（WindowsでもMacでもLinuxでも可。これからLinuxをインストールする対象のパソコンでなくても可）で、Ubuntuというキーワードで検索してください。おそらくUbuntu Japanese Team：Homepageというサイトがヒットするでしょう。そのサイトに行くと、「Ubuntuのダウンロード」というようなボタンがあります。そこをクリックすると、「日本語

Remixイメージのダウンロード」というボタンが現れます。そこをクリックすると、isoという拡張子を持ったファイルへのリンクがたくさん現れるでしょう。これらはUbuntu LinuxのインストールDVDを作るためのデータです。この中からLTSのバージョンを選びましょう。先述のように、本書では、Ubuntu Linux 16.04を想定します。ここで、64 bit版か32 bit版のどちらかを選びます。32 bit版はたいていのパソコンで動きます。64 bit版は性能は上ですが、新しめのパソコンでないと動きません。ご自身のパソコンで64 bit版が動くかどうかわからない場合、手堅い人は32 bit版をどうぞ。挑戦が好きな人は64 bit版に挑戦して、ダメなら32 bit版に入れ替えるという作戦でもよいでしょう。

さて、どのisoファイルを選ぶかが決まったら、そのリンクをクリックして、あなたのパソコンにダウンロードしてください。ネット環境にもよりますが、10分から1時間くらいかかるかもしれません。そして、ダウンロードしたisoファイルを、あなたのパソコンの現在のOSのやり方で、新品のDVDに書き込んでください（やり方がわからなければ、「isoファイル DVD 書き込む Windows」などで検索してみましょう）。そうすれば、Ubuntu LinuxのインストールDVDができあがります。

ネットワークが遅かったり不安定でうまくダウンロードできない、という場合は、書店でLinuxの雑誌やムックを探しましょう。Ubuntu LinuxのインストールDVDが付いている本が見つかると思います。

ここで注意！　インストールDVDに傷やホコリが付くと、インストール失敗の原因になります。以前に作ったインストールDVDを人から借りたり机の中から引っ張り出して使うときに、そういうことがよくあります。ですから、インストールDVDは、できるだけ新品のものを使うことをおすすめします。

では、入手したUbuntu LinuxのインストールDVDを、パソコン（あなたがLinux専用にしようと思っているパソコンですよ！）に挿入し、パソコンを再起動してください。すると、あなたが見たことのない、いろいろなメッセージが画面に現れたあと、数分後にUbuntu Linuxが立ち上がります。しかしこの時点ではまだUbuntu Linuxはあなたのパソコン（のハードディスク）にインストールされてはいません。というのも、今立ち上がっているのは、まだ「お試し版」なのです。画面のどこかに「Ubuntu Linuxをインストールする」というボタンがあるはずです。これをクリックするとインストールが始まります。あとは画面に出てくる指示に従いましょう。ログイン名とパスワードを決める場面などを経て、インストールは10分程度で完了します。

ただし、もしWindowsとのデュアルブートをしようと思うならば、そのメニューがどこかで出てきますので、注意して見ていてください。見逃したり操作を誤るとWindowsが消えてしまいますよ！

インストール終了のメッセージが画面に出たら、指示に従ってパソコンを再起動し、DVDを取り出せば、あなたのパソコン（のハードディスク）に入ったUbuntu Linuxが立ち上がるはずです。そうしたら、ログイン名とパスワードを入れてみてください。うまくログインできましたか？

ここで、もしすんなりとインストールできなくても大丈夫です。何回でもやり直してみましょう。Ubuntu Linuxのインストール法を詳しく解説した本もたくさんありますので、それらを参照してもよいでしょう。

質問 パスワードを忘れてしまったらどうすればいいのですか？

答 それ、よくあります。もしもそのコンピュータが共用マシンで、あなた以外に管理者がいるのなら、その人に頼んであなたのパスワードをリセットしてもらうことができるはずです。

そうでないときは、ちょっとひと工夫が必要です。まずパソコンを再起動し、「シングルユーザーモード」という特別なモードで起動するのです。そのやり方は、ディストリビューションごとに違うので、あなたの使っているディストリビューションのやり方でやってください。具体的には、たとえば「Ubuntu シングルユーザーモード」などの言葉で、ネットで検索すれば出てきます。シングルユーザーモードで起動すると、真っ黒な背景にテキスト文字だけの、そっけない画面になります。そこから先の操作は、ネットで検索してみてください。

まとめ　意外に簡単だったインストール

いかがでしたか？　自分専用のLinuxマシンができ、ログインできたときの感動は格別ですね。ログインしたら、デスクトップを眺めて、いろいろクリックしてみましょう。Windowsや Macに慣れた人には、それほど違和感はないでしょう。ウェブブラウザは立ち上がりますか？　インターネットにはつながりますか？　これらができれば、何かわからないときに、ネット検索できるので便利です。それに、パッケージのアップデート（前述した、細かいソフトの不具合の修正）はインターネットを経由しておこないますので、インターネットへの接続は大事です。ただ、ネット経由のトラブルが心配なら、最初のうちは、ネットにつながないで使ってみるのもよいでしょう。

もちろん、これはゴールではなく、スタートラインです。次章から、いよいよシェル（CUI）を使った、Linuxの使用法を学んでいきます。

第3章 シェル初体験！

本章では、LinuxのCUI、つまりシェルを使ってみて、それがどういうものなのかを少し実感していただきます。ここではいろいろなコマンドが出てきますが、それらを**いきなり覚えようとする必要はありません**。それよりも、まずはシェルを通したLinuxとの対話を楽しんでください。そうやって「シェルってこういうものか」というイメージができれば十分です。では始めましょう。

なお、これから先、「Unixでは……」という話がたくさん出てきます。それらは、Linuxだけでなくほとんどのユnixでも成り立つ考え方や仕組みについてです。したがって、もちろんLinuxにもあてはまります。ですから、そういう箇所は、**UnixをLinuxに読み替えて**くださって構いません。

質問 **ならば、「Unixでは……」なんて言わずに、「Linuxでは……」と言えばよいのでは？　この本はLinuxの本ですし……。**

答 そう言ってしまうと、そのことがまるでLinuxのオリジナルなものであるように聞こえかねません。しかしLinuxの設計思想の多くは、Linuxが生まれる前のUnixで作られました。また、そのような事柄の多くは、Linux以外のUnix、たとえばMac OS XやCygwinにも成り立ちます。「Unixでは……」と言えばそのような由来や汎用性を表現できます。

ターミナルを立ち上げよう

Linuxを起動すると、普通は自動的にGUIが立ち上がり、マウスを使って好きなことができます。しかし、シェルを使うためには、それを画面に表示するためのアプリケーションソフトを使う必要があります（そのようなソフトウェアを、ターミナルとか端末とかコンソールと呼ぶのでしたね）。それでは、まずGUIを使って（マウスとカーソルで）、「**ターミナル**」とか「**端末**」とか「**terminal**」という名前の付いたソフトを探し出し、起動してみてください……といっても、それがどこにあるのか、すぐにはわかりにくいですよね。Linuxのディストリビューションによって違いますし、同じディストリビューションでもバージョンや設定によって違うので、「これ！」と言い切ることができないのです。うまくいかなければ、[Ctrl] キーと [Alt] キーと [t] キーの3つを同時に押してみてください。何か出てきたら成功です。それでもダメなら、「Ubuntu 16.04 ターミナル 起動」などでネット検索して、それらを試してみてください（Ubuntu 16.04のところは、あなたが使っているディストリビューション名とそのバージョンに置き換えてください）。

ターミナルが立ち上がると、そのウィンドウの中に、たとえば以下のような表示が現れます（環境によって違いがあります）。

```
jigoro@ubuntupc:~$
```

この例では、「jigoro」は「ログイン名」で、「ubuntupc」は「コンピュータ名」です。ログイン名（ユーザー名とも言います）とコンピュータ名は、両方とも、Linuxをインストールしたときにあなたが決めて設定したものです。今後、本書ではログイン名を「jigoro」とします。あなたがご自分のLinux環境で試すときには、「jigoro」をあなたのログイン名で置き換えて読んでください。

質問 **jigoroって誰のことですか？**
答 単なる例ですから、誰というわけではありませんが、誰もが知っている覚えやすい名前ということで、嘉納治五郎氏（講道館柔道の創始者で、私の所属する筑波大学の功労者でもあります）から借りました。

あなたのコンピュータでは、この例とは様子が違うかもしれませんが、いずれにせよ最後（右端）に$マークが出るでしょう（$ではなくて%とか#の場合もあるかもしれません）。このような表示を**プロンプト**と呼びます。プロンプトは、シェルがあなたに「コマンドを入れてください」と言わんばかりに待っているしるしです。ここに、いろいろなコマンドをキーボードから打ち込むのです。以下、**本書でプロンプトを書き表す際は、省略して「$」だけで表します。**

コマンドを打ってみよう

試しに、ちょっとコマンドを打ってみましょうか。以下のようなコマンドをキーボードから打ち込んでください（ただし$はプロンプトの略記であり、コマンドの一部ではないので、**$を打ち込む必要はありません**）。

```
$ date
```

すべて半角文字です

打ち込んだあとは［Enter］キーを押します。すると、今日の日付と現在の時刻が表示されたはずです。そして、再びプロンプトが現れたでしょう。

質問 うまくいきません。以下のようなエラーメッセージが出ました……。

$: コマンドが見つかりません

答 おそらくあなたは、「$ date」と打ち込んだのですね。先ほど言ったように、$は打ち込む必要はないのです。「date」とだけ打ち込めばいいのです。

質問 打ち込む必要がないなら、なぜわざわざ$なんて書くのですか？　書いてあるから打ち込みたくなるんじゃないですか!?

答 私も初心者の頃はそう思いました。でも、「ユーザー自身が打ち込む部分」と「コンピュータが自動的に表示してくる部分」を一目で見分けるためには、このような書き方が便利なのです。というわけで、慣れてください。

今度は以下のように打ち込んでみましょう（くどいようですが、$は打ち込まなくていいですよ！）。

```
$ df
```

すると、数行から10行くらいにわたって、以下のような感じの何やら怪しげなデータが出てきませんか？

```
Filesystem     1K-blocks    Used Available Use% Mounted on
udev              483404       0    483404   0% /dev
tmpfs             100544    5020     95524   5% /run
/dev/sda1      152641636 3800384 141064384   3% /
tmpfs             502704     564    502140   1% /dev/shm
tmpfs               5120       4      5116   1% /run/lock
tmpfs             502704       0    502704   0% /sys/fs/cgroup
tmpfs             100544      48    100496   1% /run/user/1000
```

値や名前など、細かいところで、あなたのシステムは違った表示になるでしょう

これは、ハードディスクやUSBメモリの使用状況を表示させるコマンドです。ご存知のように、ハードディスクとは、コンピュータが情報を保管するためのものです。

Unixのシェル（CUI）は、こんな感じで、基本的には、

1. ターミナル（端末）のプロンプトにユーザーがコマンドを打つ。
2. コンピュータがそのコマンドを解釈し、実行する。
3. コンピュータがその結果を表示し、プロンプトに戻る。

という流れの繰り返しです。では、練習として、プロンプトに以下のコマンドを打ってみてください。どういう結果が出るでしょう？ （以下、本書の中で参照しやすくするために、コマンドには番号を付けますが、気にしないでくださ

い)

コマンド01　$ cal

1はアルファベットのエルの小文字

(結果はどうなるでしょう？)

コマンド02　$ free

(結果はどうなるでしょう？)

コマンド03　$ history

(結果はどうなるでしょう？)

コマンド01では、カレンダーが表示されます。コマンド02では、何やら3行くらいのメッセージが表示されたでしょう。これは、あなたのコンピュータのメモリ（コンピュータのハードウェアの一部で、処理に必要な情報を一時的に保持する部品）に関する情報です。コマンド03は、これまであなたが打ったコマンドの履歴が表示されます。

Unixのコマンドは、これら以外にもたくさんありますが、すべてを覚える必要はありません（私も覚えていないコマンドはたくさんあります)。無理に覚えようとしなくても、やっているうちに大切なコマンドは頭に残っていきます。習うより慣れろです。ただし、絶対に守っていただきたいことが1つあります。それは、**コマンドを実際に自分で打つこと**です。本書であれどの本であれ、書いてあることを眺めて、「ふーん、こう打つとこういう結果になるんだな」と思っているだけでは、頭には残りません。たとえ結果がわかりきっていることでも、自分で手を動かさないと頭には残らないのです。人間の記憶はそういう仕組みになっているのです。面倒でも、実際にコンピュータに向かい合って、自分でキーボードを叩いてコマンドを試してください。

質問 これからこんなコマンドが次々に出てきて、それらを全部覚えなくちゃいけないのですか？

答 そんなに身構えなくていいですよ。特に最初は、忘れることや間違えることを恐れないで、意味もあまり気にしないで、とにかく**体で覚える**つもりで、どんどん打っていきましょう。そうやっていれば、自然に少しずつ、コマンドを覚えていきますよ。

コマンドに引数やオプションをつける

さて、ここまで打ったコマンドは、どれも単語1つのコマンドでしたが、Unixのコマンドは、普通、もうちょっと複雑です。コマンドに続けて、いろいろな情報を添えて打ち込むことで、多様な働きをするのです。たとえば以下のコマンドをそれぞれ打ってみてください。

コマンド04
```
$ cal 2000
```
calと2000の間に半角スペースを忘れずに！

（結果はどうなるでしょう？）

コマンド05　$ cal sept 2000

calとseptの間、septと2000の間に、それぞれ半角スペースを忘れずに！

（結果はどうなるでしょう？）

いかがですか？　コマンド04の結果は、西暦2000年のカレンダーの表示です。このとき、画面が狭かったら、上のほうが見えなくなったり、レイアウトがおかしくなったりするかもしれません。そういうときは、マウスでターミナルの画面を引き伸ばしてから、もう一度やってみてください。コマンド05では、西暦2000年の9月のカレンダーが表示されます。これを応用して、あなたの生まれた年月日の曜日を調べてみてください。何曜日でしたか？　ちなみに私の場合は日曜日でした。

ここでやったように、**Unixのコマンドでは、半角スペースが意味の区切り**です。コマンド本体（ここでは「cal」）に続けて、半角スペースを空けて添える情報（ここでは「sept」とか「2000」）のことを**引数**と呼びます。引数は「ひきすう」と呼びます（「いんすう」と読む人もいますが、間違いらしいです）。パラメータとも呼びます。「cal」というコマンドは、年や、月日を引数にとることができるのです。

では、次のコマンドを打ってください。コマンド05の最後に「 -j」と付けただけです。

コマンド06　$ cal sept 2000 **-j**

2000と-jの間に半角スペースを忘れずに！

（結果はどうなるでしょう？）

ちょっと表示が変わりましたね。日にちが「1から30」ではなく、「245から274」という、大きな値になりました。これは、日にちを1月1日からの通算で数えたもので、Julian Day（ユリウス積日）という形式です。日常では見慣れませんが、科学（特に気候学や生態学など）ではよくある形式です。といっても、今はそういうことはどうでもよくて、注意していただきたいのは、「-j」というのを付けただけで、calコマンドの挙動がちょっと変わった、ということです。このように、ハイフンに何かの記号を続ける形で表現する指示を、「**オプション**」と呼びます。コマンドにオプションを適宜与えることで、コマンドの機能を変えることができるのです。

これって、英語の熟語にちょっと似ていませんか？　たとえばgive（与える）という英単語にupを付けると「諦める」になるし、giveに目的語を付けると、「誰々に与える」という意味になります。英単語に、副詞や目的語を与えることで表現が多様になるように、**Unixのコマンドにオプションや引数を与えることで機能が多様になる**のです。

うまくいかないときはどうする？

ここでわざと、以下のように、「xxxx」というようなあり得ない（間違った）コマンドを打ち込んでみましょう。

コマンド07

```
$ xxxx
```

```
xxxx: コマンドが見つかりません
```

あるいは英語で、「xxxx: command not found」というようなメッセージが出ます（日本語と英語のどちらが出るかは、あなたのLinuxの設定によります。また、これらとは微妙に違う表現になっているかもしれません）。これは**エラーメッセージ**というもので、エラーが発生したときに、その症状や原因を知らせてくれるメッセージです。エラーメッセージにはいろいろなものがありますが、コマンド07で見たようなエラーメッセージが出たら、コマンドの名前を打ち間違えている可能性が高いのです。そういうときは、スペルを確認しましょう。

コマンドの打ち間違いで、もう1つよくあるのが、スペースの間違いです。たとえば以下を試してみてください。

コマンド08　`$ cal sept2000`

```
cal: not a valid year sept2000
```

あれ？　カレンダーが出てほしいのに、英語で変なメッセージが出てきましたね。その英語は、「sept2000というのは正しい年ではない」と言っています。これもエラーメッセージです。実は、「cal」に引数が1つだけ添えられていると、それは年であるはずだ、とコンピュータは自動的に解釈します。ところが、「sept2000」という年などあり得ないので、コンピュータは困惑してしまったのです。人間なら、それは月と年を並べたものだ、とすぐわかりますが、このへんはコンピュータの融通のきかなさですね。「cal」に月と年を引数として与えるには、月と年の間に半角スペースが必要なようです。

これらの２つの例でわかるように、うまくいかないときは、まず**エラーメッセージを読みましょう**。そして、なぜそのエラーが出たかを考えましょう。よくわからないときは、同じコマンドを再度、打ち込んでみましょう。それでもうまくいかなければ、

- スペルミスがないか？
- 大文字と小文字が間違っていないか？　（たとえば「cal」を「CAL」とするだけでエラーが出ます！）
- 紛らわしい記号で間違っていないか？　小文字の「l（エル）」と数字の「1」の間違いや、アルファベットの「O（オー）」と数字の「0（零）」の間違いなど。「:（コロン）」と「;（セミコロン）」の間違いや、「,（カンマ）」と「.（ドット）」の間違いなども、初心者はよくやります
- 必要なところにスペースは入っているか？
- 必要のないところにスペースが入っていないか？
- 全角文字で打っていないか？　（Unixのコマンドはほぼ例外なく、半角英数字です。）

などを確認しましょう。それでもうまくいかないときは？　とりあえずあと回しにして、先に進みましょう！　どうしても気になる、という人は、別のLinux環境で試してみることをおすすめします。スペルミスなどの単純なエラーでないならば、環境（さまざまな初期設定や、入っているソフトの有無）に依存するような原因が疑われますので。

質問 エラーメッセージや、コマンドの結果で表示されるメッセージは、読んでも意味がわかりません……。

答 確かに、Linuxが表示してくるメッセージは、初心者には（ものによっては上級者にも？）わからないことが多いですね。それでもとりあえず流し読みでいいから読みましょう。英語で出てくるメッセージは、英語が苦手でもがんばって読みましょう。そうすると、何をやったらどういう結果やエラーが出るかがわかってくるのです。Linuxの「気持ち」がわかってくるのです！　メッセージに頻繁に現れる言葉はあなたの頭の隅にだんだん積み重なってきます。そしてそのうち、どこかの機会で意味がわかります。そのときに、「ああ！　あれはそういうことだったのか！」となり、理解が一気に進むのです。**すぐに全部をわかろうとしない、でもスルーもしない**、という姿勢が上達への近道です。

質問 コマンドを間違えたら、なにか深刻なトラブルが起きたりしませんか？

答 大丈夫。よほど変なことをしない限り、コンピュータは壊れません。Unixの達人でも、コマンドの打ち間違いは頻繁にあります。あるコマンドが正しいか間違いかは、実際にそれをコンピュータで実行してみればわかるのです。結果が思い通りになれば「正しいコマンド」です。そうやって、「**コンピュータのことはコンピュータに教えてもらう**」のも、上達の秘訣です。ただし、失敗の仕方によっては、あなたの大事なデータが失われるかもしれませんので、最初のうちはLinuxマシンに大事なデータを入れるのは控えるか、バックアップをしっかりとっておきましょう。

質問 「コンピュータのことはコンピュータに教えてもらえ」って、カッコイイですが、実際にコマンドがうまく働かないとき、どの部分がどのようにまずいのかまではコンピュータは教えてくれませんよね。そういうときはどうすればいいのですか？

答 試行錯誤を繰り返すのです。エラーメッセージや、その他の様子を手がかりにして、「まずいところ」に関する仮説を立て、改善案を頭の中からひねり出し、再挑戦するのです。そうすれば、いずれ「正解」にたどり着きますし、そのときあなたは、多くのことを学んでいるはずです。そうやって、あなたの問題解決能力が磨かれ、あなたは成長していくのです。

打ち込んだコマンドを再利用しよう

コマンドを打ち間違えたときなどに、同じようなコマンドを何回も打ち込むのは面倒なものです。そこで、すでに打ち込んだコマンドを呼び出して再利用できる機能があります。

まず、61ページのコマンド05のように、

```
$ cal sept 2000
```

というコマンドを打ち込んで実行してください。その後、キーボードの［↑］（上矢印）キーを押してみましょう。すると、打ち込んだばかりの

```
$ cal sept 2000
```

というコマンドが再び現れるではないですか！　ここで

［←］［→］キーを使ってカーソルを動かし、［Delete］キーや［BackSpace］キーを使って、このコマンドを次のように書き換え、［Enter］キーを押してみましょう。

コマンド09　$ cal june 2002

```
      6月 2002
日 月 火 水 木 金 土
                   1
 2  3  4  5  6  7  8
 9 10 11 12 13 14 15
16 17 18 19 20 21 22
23 24 25 26 27 28 29
30
```

2002年6月のカレンダー（サッカーの日韓ワールドカップがありましたね！）が出ました（環境によっては、英語のカレンダーになるかもしれません）。このように、キーボードの［↑］キーを使えば、以前に打ち込んだコマンドを再現でき、それを編集することもできます。［↑］キーを何回も押せば、何回も前のコマンドに戻ることができるし、戻りすぎたら［↓］キーで進むこともできます。この機能は、Unixの標準機能ではありませんが、最近のシェルには、ほとんど装備されています。非常に便利なので、活用してください。

質問 私のLinuxでは、［↑］［↓］のキーを押してもそんなことはできないのですが……。

答 ごめんなさい、この機能は、場合によっては使えません。というのも、これは、新しいシェル（bashやtcsh、zsh

など）には装備されていますが、古くからあるシェル（sh、cshなど）には装備されていないのです。ただ、最近のLinuxはほとんどがbashという新しいシェルを標準装備しているので、あまりこういうトラブルには出合わないと思います。あなたの場合、試しに、コマンドラインで

```
$ bash
```

と打ち込んでから、もう一度最初から試してみてください。それでもうまくいかなければ、あなたのコンピュータの管理者に相談してみてください。また、もし解決しなくても、本書を読み進めるのに大きな問題はありません。

質問 うーん、使える場合があったりなかったりするなら、ユーザーは混乱してしまいますよね。そんなのでいいんですか？

答 それはLinuxの短所ですが、長所でもあるのです。前にも言いましたが、Linuxは、カーネルにいろいろなソフトを組み合わせてできています。その組み合わせ方を柔軟に調整することで、目的に合ったLinuxを仕立て上げるのです。そうやって、たとえば、大きなコンピュータにはさまざまな装備を盛り込んだゴージャスなLinuxを入れ、小さなコンピュータには、必要最小限の機能だけを残したスリムなLinuxを入れる、という使い方ができるのです。

質問 「大は小を兼ねる」と言いますよね。どんな機能も、そのうち必要になるかもしれないのだから、全部、標準で

入っていればいいのに……。

答 そう考える人は、自分のLinuxに何でも入れてしまって構いません。私もその傾向があります。ただ、そうしてしまうと、ハードディスクをたくさん使ってしまいます。また、後ほど説明しますが、ある種のソフトは、ユーザーが指示しなくても自動的に起動したり、他のソフトが動いている背後で常に動き続けていたりするので、その分の負荷のために、コンピュータは遅くなってしまいます。また、どんなソフトにも不具合はつきものですが、その不具合を突破口にして、外部から不正アクセスされたりするかもしれません。ですから、**「使わないソフトはインストールしない」のがLinuxの文化**なのです。

質問 **ソフトのインストールはどうやってやるのですか？**

答 多くのユーザーがよく使う標準的なソフトは、ディストリビューションをインストールしたときに一緒に自動的にインストールされます。それほど標準的ではないけれどもそこそこ有名でよく使われるソフトは、インターネットを介して、ユーザー（ただし、後述する「管理者権限」を有する人）が

```
$ sudo apt-get install ソフト名
```

というコマンドを打ってインストールすることができます。ここでは、例として、「sl」というソフトをインストールしてみましょう。以下のコマンドを打ってください。

Ubuntu LinuxやRaspbianの場合

コマンド10 `$ sudo apt-get install sl`

ここでもしパスワードを聞かれたら、ログイン時のパスワードを打ってください。その際、あなたが打ったパスワードは画面上には表示されません（伏せ字にもなりません）ので、「ちゃんと打ててるかな？」と心配になるかもしれませんが、大丈夫です。うまくいけばいろいろ表示されてプロンプトに戻ります。そうしたら、このコマンドを実行してみてください。楽しいことがおきるでしょう！

コマンド11 `$ sl`

なお、コマンド10は、大学や職場の共同計算機ではうまくいかないことがあります。その場合は、ここで述べたことは気にせずに先に進んでください。

コピー・ペーストを活用しよう

長いコマンドやURLなどを正しく打ち込むのは大変です。そういう場合、コピー・ペーストが便利です。Linux（のウィンドウシステム）の場合、コピーしたい元の文章をマウスの左ボタンを押しながらドラッグして選択するだけで「コピー」ができます。Windowsなどとは違って、「編集」のメニューから「コピー」を選んだり、ということは必要ありません。そして、ペーストしたい箇所をマウスの〝中ボタン″で押せば、「ペースト」になります。

Linuxを勉強しているときに、何かエラーメッセージが出て、その原因がわからないときは、こうやってそのエラーメッセージをコピーして、インターネットの検索サイトにペーストし、エラーメッセージをまるごと検索してみるとよいでしょう。そうすると、似たようなトラブルで困っている人の情報や解決策にたどり着くことができ（ることもあり）ます。

質問 これまで、指示されたことを打ち込むだけなら簡単でしたが、それでいいのでしょうか？　自分でもっと考えたり調べたりして理解しないと上達しないような気がします。

答 もちろんそれも大事です。でも、「習うより慣れろ」と言うように、やみくもでもいいので「まずやってみる」のが先のような気がします（人によりますが）。そのうち、自然に「なぜかな？　どういう意味かな？」と気になることが出てくるでしょう。そうなったら調べたり考えたりするとよいと思います。そういう自発的な疑問が出てこないうちから無理に考えよう・理解しようとすると、むしろ疲れてしまって、続かないのではないでしょうか？

ストップしたいときは [CTRL] + [c]

さて、どのようなコマンドも、処理が終われば、プロンプトに戻ります。ところが、何らかの理由で処理がなかなか終わらず、イライラすることも、今後はあるでしょう。多いのは、負荷が大すぎてすぐには終わらないとき。あるいは、コマンドの打ち間違い等で、「終わるわけがない」ようなコマンドが与えられたときです。こういうときは、どうすればよいでしょう？

実行中のコマンドを途中で終わらせるには、キーボードの［CTRL］キーを押しながら［c］キーを押すとよいのです（これを［CTRL］+［c］と表します）。それが押されると、たとえ処理の途中であってもコマンドは中断し、プロンプトに戻ります。

ちょっと試してみましょう。以下のコマンドを打ってみてください。

```
コマンド12　$ sleep 180
```

すると端末は沈黙してしまい、プロンプトはなかなか返ってきません。ここでおもむろに［CTRL］+［c］をやってみてください。すると、画面に

```
^C
```

という表示が出て、プロンプトに戻りますね。コマンド12が途中でストップしたのです。このように、「ストップさせたいときは［CTRL］+［c］です。覚えておきましょう。

質問　そのコマンド、コンピュータに何をやらせているのですか？

答　180秒間、停止せよ、という命令です。180秒後（3分後）にプロンプトが表示されます。カップラーメンを作るのに便利なコマンドですね！　180を他の値に変えると、その秒数だけ、停止します。

まとめ あなたとUnixをつないでくれるシェル

いかがでしたか？　Linuxをシェル（CUI）で操作するというのは、概ねこのような雰囲気だ、ということがわかっていただけたら幸いです。まず、CUIを使うにはターミナルというソフトを使うのでしたね。ターミナルに**プロンプト**（$）が表示されているときは、Linuxはあなたからの指示（**コマンド**）を待っています。コマンドの結果は、多くの場合、画面に表示されます。コマンドの実行が終われば、またプロンプトが表示されます。**途中で止めたいときは［CTRL］＋［c］**でした。また、コマンドには、いろいろ**オプション**や**引数**を与えることで、さまざまな機能を引き出せるのでした。

といっても、なんだか地味ですね。でも、その地味さの持つ味わいとか素晴らしさが、これから徐々にご理解いただけると思います。また、これから徐々にいろいろなコマンドが出てきますが、無理に覚えようとせず、「習うより慣れろ」でやればよいということを忘れないでください。では、シェル初体験、お疲れ様でした。

チャレンジ！

本章で学んだ知識を応用し、理解を深める演習問題です。解けなくても、これ以降の内容を読むのに支障はありません。

演習3-1

calコマンドを使って、

(1) 西暦3016年（今から約千年後）の9月のカレンダーを表示させてみてください。

(2) 西暦12016年（今から約1万年後）の9月のカレンダーを表示させてみてください。

(3) 関ヶ原の戦い（西暦1600年10月21日）は何曜日だったか、調べてみてください。

【コメント】calコマンドには適用限界があります。太古の昔や遠い将来までは面倒見てくれないようですね。

演習3-2

以下の3つのコマンドを試してみてください。

(1) `$ cal -j sept 2000`

(2) `$ cal sept 2000 -j`

(3) `$ cal 2000 sept -j`

この経験を元に、コマンドの引数やオプションの順序についてどのような暗黙のルールがあるかを考えてみてください。

【コメント】コマンドの引数やオプションの並べ方には、ある程度の柔軟性があります。

前章ではシェルがどのようなものかを体験しましたが、本章からは、いよいよ本腰を入れて、Linux操作の頻出コマンドを学んで行きましょう。そのためには、Linuxの仕組みも理解していく必要があります。仕組みを理解すれば、コマンドの意味を素早く的確に理解して上手に使うことができるようになりますからね。

本章と次章では、Linuxでデータを格納する仕組み、すなわちディレクトリ（Windowsで言うところのフォルダと同じような概念でしたね！）とファイルについて、それぞれ学びましょう。

ディレクトリをめぐる旅はcdコマンドで

まずターミナルを立ち上げ、以下の操作をしてみましょう。ただし、前章で書きましたように、$はプロンプト、つまりコンピュータがあなたに「コマンドを入れてください」と待っているしるしなので、あなたは$を入力する必要はありません。$のあとのコマンドをキーボードから打ち込んで、[Enter]キーを押せばOKです。また、前章でも述べましたが、左端のコマンド01という記載は、あとから解説しやすくするためですから、これも打ち込む必要はありませんし、あなたのターミナルにも表示されないはずです。では始めましょう。次のコマンドを打ってください。

コマンド01　$ pwd

```
/home/jigoro
jigoro@ubuntupc:~$
```

実際はjigoroはあなたのユーザー名のはず

うまくいきましたか？　これらの意味はあとで説明しますので、どんどん先に進みましょう。

コマンド02　$ cd ..

cdの直後に半角スペースを入れること！
また、..はドット2つ！

```
jigoro@ubuntupc:/home$
```

コマンド02を打つ前とあとでは、プロンプトの$よりも前の部分が若干変化したかもしれません。たとえば、

jigoro@ubuntupc:~$

だったのが、

jigoro@ubuntupc:/home$

に変わったりします。このようにプロンプト周辺が変化する現象（これは環境に依存するので、起きなかったかもしれませんし、起きたとしても変わり方が違うかもしれません）は、今後も何回か起きるかもしれませんが、その意味は、本章を読み終わる頃に理解できますので、今は気にせず先に進みましょう。以下のコマンドをどんどん打っていってください。

コマンド03　$ pwd

```
/home
```

コマンド04　$ cd ..

コマンド05　$ pwd

```
/
```

いかがですか？　実は、コマンド01からコマンド05までで、あなたはファイルが保存されている場所を、あちこち旅していたのです。そのような、「ファイルが保存されている場所」を「**ディレクトリ**」と呼びます。Windowsの「フォルダ」とほぼ同じ概念です。データやプログラムは「**ファイル**」という単位で必ずどこかのディレクトリに格納されます。

では、上で打ち込んだコマンドの意味を1つずつ読み解きながら、ディレクトリについて理解していきましょう。

ディレクトリは入れ子の構造（ディレクトリ・ツリー）

まず重要なこととして、ディレクトリは「入れ子」になって存在します。つまり、ディレクトリの中にディレクトリがあり、さらにその中にもディレクトリがあり、……というふうになっています。また、1つのディレクトリの中には複数のディレクトリが入れ子になっていることもあります。この様子を模式的に描くと、以下のようになります。

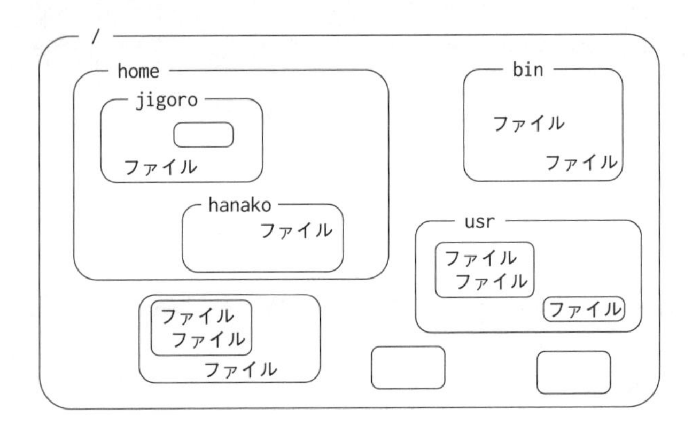

ここでは、「/」というのがいちばん大きなディレクトリで、その中に「home」「bin」「usr」などのディレクトリがあり、さらに「home」の中に「jigoro」や「hanako」というディレクトリがあり……という状況です。上のように箱で描くのは煩雑なので、簡略に、以下のような図で描きましょう。

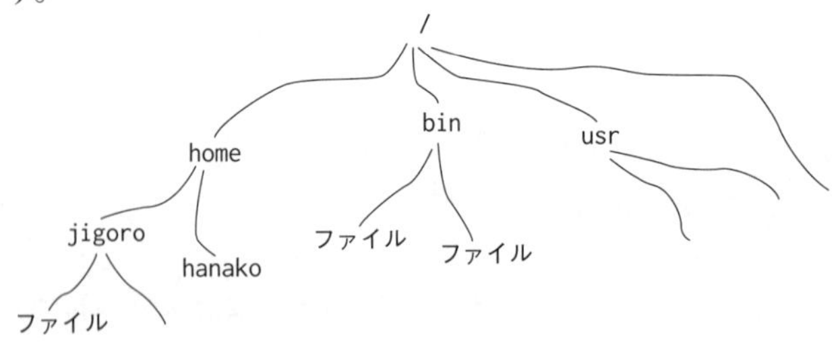

ディレクトリに含まれるものを、線でぶら下げて描くわけです。こう描くと、なんだか、樹木（をひっくり返したもの）みたいな雰囲気ですね。このような図から、ディレクトリの階層構造のことを、樹木の形を連想して、**ディレクトリ・ツリー**と呼びます。実際にディレクトリ・ツリーを表記するときは、もっと簡略化して、以下のように描きます。

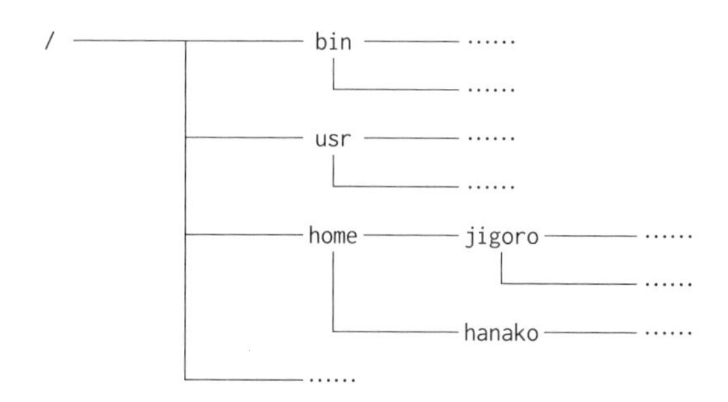

これを見ると、まずいちばん左上に、「/」というディレクトリがあります。スラッシュ記号（/）という1文字（というか1つの記号）だけなので、とてもそっけなく思われますが、この1文字で1つのディレクトリを表すのです。この「/」というディレクトリ、すなわちすべてのディレクトリの最上流に位置するディレクトリを**ルートディレクトリ**といいます。樹木の（ひっくり返った）図で言うと、根っこのところにあたるディレクトリなので、そのような名前で呼ばれるのです。

Unixでは、すべてのディレクトリは、このルートディレクトリ（つまり「/」）の中にあり、互いに枝分かれしたり入れ子になったりして存在します。

質問 これって、Windowsと同じことですか？　Windowsでも、Cドライブの中にいくつかフォルダがあって、その中にまたいくつかフォルダがあって、みたいにファイルが入れ子になっていますよね。

答 はい、概ね同じです。ただ、大きな違いは、Unixにはドライブという概念がない、ということです（第1章で述べました）。Unixのディレクトリ・ツリーは、「ルートディレクトリ」という1つのディレクトリから始まる、1つのツリーしかありません。それに対して、Windowsには「ルートディレクトリ」がなく、代わりに、必ずCドライブやDドライブといった、どこかの「ドライブ」から入れ子構造が始まるので、ドライブの数だけ、ツリーがあります。

さて、シェルを操作しているユーザーは、常にディレクトリ・ツリーの中のどこかのディレクトリにいることになっています。それを**カレントディレクトリ**とか、ワーキングディレクトリと言います。英語の「カレント」とは「今現在の」という意味ですね。「今現在、あなたがいるディレクトリ」がカレントディレクトリです。最初に76ページのコマンド01で打ち込んだ「**pwd**」というコマンドは、カレントディレクトリがどこなのかを表示するコマンドなのです。「pwd」はprint name of working directoryの略です。その結果は以下でした。

```
/home/jigoro
```

実際はjigoroはあなたのユーザー名のはず

これは、「ルートディレクトリ/の中のhomeというディレクトリの中のjigoroというディレクトリ」を意味します。Unixでは「……というディレクトリの中の……」も「/（スラッシュ記号)」で表現することになっています。つまり、上位のディレクトリと下位のディレクトリを、「/」で分けて列記することによって、ディレクトリ同士の上下関係（包含関係）を表すのです。ちなみにWindowsでは¥という記号を使いますね。

質問 **ならば、「ルートディレクトリの中のhomeというディレクトリ」は、「/」と「home」の間に「/」を入れて、「//home」と表すべきではないのですか？**

答 （これ、気にならない人はスルーでOKです）それを言うなら、むしろ「/home」は「/home/」と表すのが「正しい」です。「/」はディレクトリの区切りと述べましたが(そのほうが理解しやすいと思ったので)、より普遍的な考え方としては、「個々のディレクトリ名は本来は/で終わるもの」「それをそのまま並べたのがパス」「末端の/は省略可能」と考えるのがよいでしょう。たとえば「/home/jigoro」は、正式には「/」と「home/」と「jigoro/」を並べた「/home/jigoro/」であり、最後の「/」が省略された、と考えるとよいと思います。ただし、ルートディレクトリ「/」が単体であるときは、その「末尾」の「/」を省略したら何もなくなってしまうので、その場合だけは省略不可ということで。

ユーザーが打つコマンドは、特に何も指定しない限り、カレントディレクトリの内容を対象として働くことになっています。ですから、カレントディレクトリがどこなのかを意識し、認識しながら作業をすることが大事です。といっても、カレントディレクトリがどこだったか忘れてしまうことはよくあります。「pwd」はそのような迷子を助けてくれるコマンドです。

さて、ユーザーは、さまざまな仕事をするときには、その仕事に必要なデータやプログラムのあるところに行くのが普通です。つまりそこをカレントディレクトリにします。その操作をするコマンドが「**cd**」(change directoryの略)です。たとえば、

コマンド02 $ cd ..

cdの直後に半角スペースを入れること!

で打ち込んだ「cd ..」は、1つ上流の階層のディレクトリに行く、というコマンドです。ここでcdコマンドに与えた「..」という引数は、カレントディレクトリから見て1つ上流の階層のディレクトリを意味します。このあとに

コマンド03 $ pwd

でカレントディレクトリを表示すると、「/home」となり、もとの「/home/jigoro」よりも1つ上流のディレクトリに移っていることがわかるでしょう。

ここでさらに

コマンド04 $ cd ..

をおこなって、さらに上流のディレクトリにカレントディレクトリが移りました。それを確認すると、

```
コマンド05　$ pwd
```

```
/
```

となり、このディレクトリは「/」と表示されました。ルートディレクトリです。これより上流のディレクトリはありません。

コマンド02からコマンド05までのどこかでつまずいたら端末を立ち上げ直してやってみてください。

質問 cdコマンドのあとは、必ずpwdコマンドを打たねばならないのですか？

答 いえ、そんなことはありません。cdコマンドとpwdコマンドは直接のつながりはありません。ディレクトリを移るだけなら「cd」だけでOKで、「pwd」は不要です。ここで「pwd」を何回か打ったのは、「cd」のあとで確かにカレントディレクトリが変わった、ということを確認していただきたかっただけです。

先ほども述べましたが、Unixでは、ルートディレクトリは「/（スラッシュ記号）」で表しますし、ディレクトリ同士の上位・下位の関係（包含関係）も「/」で表します。つまり、**「/」という記号は、「ルートディレクトリ」と「ディレクトリ同士の上下関係」という、2つの異なる意味を持っています**。たとえば、「/home/jigoro」のようにディレクトリ

を表現するとき、左端の「/」はルートディレクトリを意味し、真ん中の「/」は、先ほど述べたように、「home」と「jigoro」という２つのディレクトリの上下関係を表します。このあたりの事情については、後述の「パス」の項でも言及します。

ところで、シェルを立ち上げた直後は、ほとんどの場合、カレントディレクトリは自動的に「/home/jigoro」のように「/home/ユーザー名」というディレクトリになっています。これは、ユーザーが自由にデータを置くことができるディレクトリです。これを**ホームディレクトリ**と呼びます。ホームディレクトリには、ユーザーの利用環境に関する設定情報も保管されます。

質問 「ホームディレクトリ」って、「/home」というディレクトリではないのですか？

答 違います。「/home」は、「ホームディレクトリ」ではなく、「ホームディレクトリを入れるディレクトリ」です。Unixは複数の人が１台のコンピュータを使うことを想定しています。そこでは、それぞれのユーザーがそれぞれ個別にホームディレクトリを持ちます。それらのホームディレクトリたちをまとめて格納するのが「/home」なのです。「/home/jigoro」のように、「/home」というディレクトリの下にあって、ユーザー名（ログイン名）を名前に持つようなディレクトリが、（そのユーザーにとっての）ホームディレクトリです。

さて、「/」や「..」も含めて、以下のような特別なディレクトリの表現方法があります。

. カレントディレクトリ
.. 1つ上の階層のディレクトリ
/ ルートディレクトリ。あるいは、ディレクトリ同士の包含関係
~ ホームディレクトリ

cdコマンドにこれらを引数として与えれば（つまり「cd」に続けて半角スペースを空けてこれらを打てば）、これらのディレクトリに移ることができます。

質問 上の最後の「~」という記号はキーボードのどこを押せば出てくるのですか？

答 右上の方にあります。［0をわ］キーの2つ右の［~^へ］キーを、［Shift］キーを押しながら押せばOKです。キーボードの種類によっては、左上のこともあります。

では、ここまで学んだことを、練習してみましょう。以下のコマンドを打ち込み、結果を解釈してください。

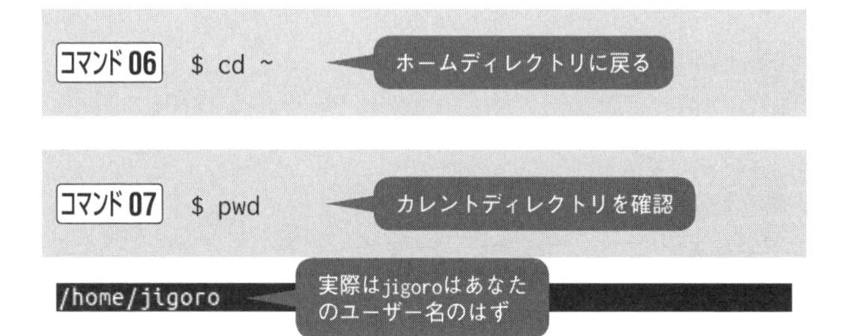

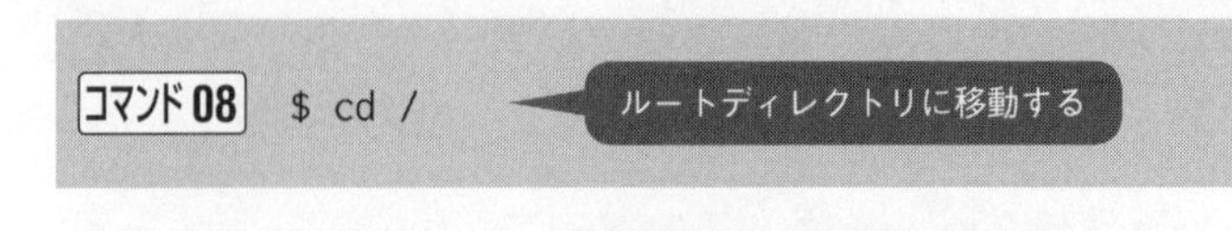

コマンド08 $ cd /
ルートディレクトリに移動する

コマンド09 $ pwd
カレントディレクトリを確認

```
/
```

簡単ですね。では、続いて以下のコマンドを打ってみてください。

コマンド10 $ cd

コマンド11 $ pwd
カレントディレクトリを確認

```
/home/jigoro
```

実際はjigoroはあなたのユーザー名のはず

なんと、コマンド10で「cd」を何も指定せずにおこなうと、ホームディレクトリに戻ってきました。ところが、コマンド06でもホームディレクトリに戻りましたね。つまり、

コマンド06 $ cd ~
コマンド10 $ cd

は、両方とも「ホームディレクトリに戻る」という同じ機能を実現するコマンドなのです。また、

```
$ cd /home/jigoro
```

実際はjigoroはあなたのユーザー名

というコマンドでも、ホームディレクトリに戻ることができます。このように、Unixでは、「**同じことをするにも、いくつもの違ったやり方がある**」のです。これを**冗長性**と言います。冗長性は、一見、無駄のように思えますが、システムの整合性や柔軟性を確保してくれる、大切な特徴です。

では、以下のコマンドはどうでしょう？

コマンド12
```
$ pwd
```

```
/home/jigoro
```

実際はjigoroはあなたのユーザー名のはず

コマンド13
```
$ cd .
```

コマンド14
```
$ pwd
```

```
/home/jigoro
```

実際はjigoroはあなたのユーザー名のはず

コマンド13で「cd .」と打ちましたが、その前とあと（コマンド12と14）で、pwdの実行結果は何も変わっていませんね。「cd .」とは「カレントディレクトリに行く」という命令、つまり、「今のままでどこにも行かない」ということになります。

質問 **要するに何もするなということですよね。そんなコマンド、意味ありますか？**

答 もちろん、機能的には無意味です。ただ、意味があろうがなかろうが、Unixのコマンドは、ルール（文法）に従って実行されれば、それを忠実に実行するのです。ユーザーに向かって「そんなの意味ないよ」なんてお節介なことは言わないのです。

さて、ここで、以前未解決だった、コマンド02のプロンプトの謎（76ページ）が解けます。すなわち、コマンド02を打つ前とあとでは、プロンプトがこのように変わったのでした（そうならなかった人はここは読み飛ばしてください）。

コマンド02の実行前　　jigoro@ubuntupc:~$
コマンド02の実行後　　jigoro@ubuntupc:/home$

わかりますか？　最初は$のすぐ左に、「~」という記号がありました。これは前述のように、「ホームディレクトリ」を意味します。ところがコマンド02（ディレクトリを１つ上がる）の実行後には、その部分が「/home」に変わりました。これは「/home」というディレクトリを意味します。いずれの場合も、その部分には、その時点でのカレントディレクトリがどこなのかが表示されていたのです。ですから、コマンド08（ルートディレクトリに移動する）の実行後には、そこが「/」になっていたはずです。つまり、プロンプトの中にカレントディレクトリの情報が埋め込んで表示されていたわけです。迷子になりやすいユーザーには、ありがたい機能ですね。

もっとも、このような機能は、Linuxの標準機能ではありません。あくまでそれがユーザーにとって便利だろうと考えられて、Ubuntuなどの特定のディストリビューションでは、初期設定でそのようになっているのです。ですから、あなたがこの機能を「大きなお世話だ」と思うなら、そのような表示が出なくなるように設定し直すこともできますし、もともとこのような設定になっていないLinux（ディストリビューション）もあります。

ディレクトリの中身を見せてくれるlsコマンド

ディレクトリの内容、つまりそのディレクトリの中にどのようなディレクトリやファイルが入っているかを表示するコマンドが、「**ls**」（listの略）です。lsコマンドに、調べたいディレクトリを引数で指定して実行すれば、そのディレクトリの内容を見ることができます。試しに、以下のコマンドを打ってみましょう。

コマンド15

```
$ ls /usr
```

```
bin  games  include  lib  local  locale  sbin  share  src
```

ここでは、「/usr」というディレクトリの中身を表示してみました。あなたのLinux環境では多少、これとは違った表示（ここにない内容が表示されたり、ここの表示の一部が出なかったり、それぞれの末尾に「/」が付いたり、色が付いたり）がされるかもしれませんが、気にしないで構いません。

質問 **ここで表示された、「bin」とか「include」とかって、何ですか？　「games」は多分、コンピュータゲームですよね！**

答 今は気にしなくていいのですが、ざっくり説明します。「bin」と「sbin」は、コマンド（を走らせるプログラムのファイル）が入っているディレクトリです。「ls /usr/bin」と打ってみましょう。何やらたくさん出てきますが、それらはほぼすべてがコマンドを走らせるプログラムのファイルです。「include」や「lib」や「src」は、プログラムを開発するときに必要なものが入っています。「local」は、ユーザーが独自に入れるソフトなどのためのディレクトリです。ただし、これらは、ディストリビューションによって多少、異なっていることもあります。たとえば、「games」はゲームを入れるディレクトリですが、UnixやLinuxの標準ではなく、そのディストリビューションのために入れられたものです。

質問 **そうですか。なんだか「bin」ていうのがよくあるから、ビールやジュースの瓶がたくさん並んでいるのを想像してしまいました。**

答 私も初心者の頃はそうでした。でも、「bin」というのは瓶のことではなくて、binaryの略です。これは、Unixの慣習で、実行可能なプログラムの実体をbinary file（バイナリファイル）と呼ぶことに起因します。

次に、コマンド15の末尾に、「-l」というオプションを付け加えて実行してみましょう。これによって、先ほどよりも詳細な情報を表示させることができます。

コマンド16　$ ls /usr -l

-lの前には半角スペースを

```
合計 100
drwxr-xr-x   2 root root 53248  7月   5 12:49 bin
drwxr-xr-x   2 root root  4096  4月  26 10:19 games
drwxr-xr-x  35 root root  4096  7月   5 12:48 include
drwxr-xr-x 135 root root  4096  7月   5 12:49 lib
drwxr-xr-x  10 root root  4096  4月  26 10:11 local
drwxr-xr-x   3 root root  4096  4月  26 10:20 locale
drwxr-xr-x   2 root root 12288  7月   5 12:50 sbin
drwxr-xr-x 286 root root 12288  7月   5 12:49 share
drwxr-xr-x   4 root root  4096  4月  26 10:19 src
```

環境によって、多少異なる表示になる可能性があります

この「-l」のように、Unixのコマンドは、後ろにオプションが付くと、機能が拡張されたり変化するのでしたね。上の場合、「lsコマンドに-lオプションを付けると、より詳細な情報が出る」のです。オプションの位置は、多くの場合、どこでもOKです。実際、コマンド16の代わりに、

$ ls -l /usr

-lをlsのすぐ後ろに置く

と打っても、同じ結果になります。

では、コマンド16の結果を少し、読み解いてみましょう。まず、左端にある、

drwxr-xr-x

という部分です。この先頭の「d」は、「これはディレクトリ

ですよ」というしるしです。もしこれがファイルなら、この「d」は表示されません。これに続く、「rwx」以下は、パーミッションと呼ばれるもので、それはあとの章で解説します。以下、ざっと説明すると、

2列目（2や35など）：リンク数
3列目（root）：所有者名
4列目（root）：グループ名
5列目（53248など）：サイズ（バイト数）
6～8列目（7月 5 12:49 など）：最終更新日時
9列目（binなど）：ファイルやディレクトリの名前

となります。これらの詳細は、またあとで解説しますので、今は深くは気にしないでください。

質問 こういうコマンドの使い方みたいな情報は、どうやったら自分で調べられるのですか？　というか、あなたはどうやって調べたのですか？

答 「lsコマンドの使い方」とか「Unix ls マニュアル」というような語でネット検索すれば、たくさん見つかります。あるいは、シェルで

コマンド17
```
$ man ls
```

と打てば、lsコマンドのマニュアルが表示されます（表示を終わらせたいときはキーボードでアルファベットの［q］を押します）。この「**man**」は、manualの略で、「コマンドのマ

ニュアルを表示するコマンド」です。manコマンドで表示されるマニュアルは、結構な量の文書ですので、しばしば、読み解くのが大変です。忘れていたオプションの使い方などを軽く確かめるくらいなら、

```
コマンド18　$ ls --help
```

というように、「--help」というオプションを付けると、シンプル版のマニュアルが表示されます（どちらも試しにやってみましょう）。

　コマンド15やコマンド16は、lsコマンドに、「/usr」という引数を与えました。このように、「ls」の引数として、ディレクトリ名を与えることで、そのディレクトリの内容が表示できます。ところがこの引数を省略して、単に

```
$ ls
```

とか、

```
$ ls -l
```

と打っても、lsコマンドはちゃんと働いてくれますが、その場合は、カレントディレクトリの内容を表示します。このように、多くのコマンドは、「**指定しなければカレントディレクトリを対象とする**」というふうにできています。

　人間は横着なものですから、事細かく指示するのが面倒な

ことって、ありますよね。そのために、多くのコマンドやソフトウェアは、「指示がなければ、とりあえずこういうことにしておくべし」というルールというか、設定をあらかじめ持っています。そういうのを「**デフォルト設定**」とか、単に「**デフォルト**」と呼びます。なんだか格好良い言葉ですね。これを使って上で学んだことをまとめると、「lsコマンドはデフォルトではカレントディレクトリを対象に働く」ということになります。

質問 **「デフォルト」は、辞書には「債務不履行」とありました。あまり格好のよい言葉とは思いませんが……。**
答 そう言われるとそうですねえ……。

ディレクトリの作成（mkdir）・名前変更（mv）・削除（rmdir）

これまでは、あるディレクトリから別のディレクトリに移動したり、ディレクトリの内容を表示させたりしてみました。それらはいずれもすでに存在するディレクトリに対する操作でした。今度は、自分で新たにディレクトリを作ってみましょう。そのコマンドは「**mkdir**」（make directoryの略）です。では、このコマンドを使ってみましょう。

コマンド19
```
$ cd ~
```
ホームディレクトリに戻る

コマンド20
```
$ mkdir test
```
testというディレクトリを作る

コマンド 21　$ ls　カレントディレクトリの内容を表示

```
examples.desktop  ダウンロード  デスクトップ  ビデオ    ミュージック
test              テンプレート  ドキュメント  ピクチャ  公開
```

testというディレクトリができているはず

コマンド20によって、「test」という名の新しいディレクトリが、カレントディレクトリ（今はホームディレクトリ）の中にできました。それがコマンド21（「ls」に引数が与えられていないから、デフォルトでカレントディレクトリ、つまりホームディレクトリの内容を表示せよというコマンド）の結果の中に見えています。ちなみに、コマンド21では、「test」というディレクトリ以外のものも表示されますが、それはコマンド20をやる前から存在していたものです。では、今作ったディレクトリの名前を、変えてみましょう。以下のコマンドを打ってください。

コマンド 22　$ mv test test2　testというディレクトリ名を、test2という名に変更

ここで「**mv**」というコマンドを使いました。これはmoveの略です。「移動せよ」という意味ですね。これは、文字どおり、ディレクトリやファイルの場所を移動する（他のディレクトリに移動する）ためのコマンドですが、名前を変更するのにも使います。実際にうまく名前が変わっているか、調べてみましょう。

```
コマンド23  $ ls
```

```
examples.desktop  ダウンロード  デスクトップ  ビデオ    ミュージック
test2             テンプレート  ドキュメント  ピクチャ  公開
```

testが消え、test2ができているはず

うまくいっていますね！　では、今度は、このディレクトリを削除してみましょう。そのコマンドは「**rmdir**」(remove directoryの略）です。

```
コマンド24  $ rmdir test2
```

test2というディレクトリを削除

これで、「test2」というディレクトリは消えているはずです。確かめてみましょう。

```
コマンド25  $ ls
```

```
examples.desktop  テンプレート  ドキュメント  ピクチャ      公開
ダウンロード      デスクトップ  ビデオ        ミュージック
```

test2というディレクトリが消えたはず

うまくいきましたね！

パス（path）は住所みたいなもの

個々のディレクトリやファイルが、ディレクトリ・ツリーの中のどこにあるのか、つまりディレクトリやファイルの「住所」のような情報のことを**パス**（path）と言います。た

とえば、コマンド20で作った「test」というディレクトリのパスは、次のように表現できます。

```
/home/jigoro/test
```

jigoroの部分はあなたのユーザー名

すでに述べましたが、左端の/（スラッシュ）はルートディレクトリです。また、ディレクトリの階層の区切りも/で表現します。このように、ルートディレクトリからたどってパスを表現するやり方のことを「**絶対パス**」と呼びます。

パスを表すのに、絶対パスとは別のやり方があります。それは「**相対パス**」というものです。カレントディレクトリを起点に、どのようにディレクトリをたどっていけばそのファイル（またはディレクトリ）にたどり着くかというやり方でパスを表現するのが「相対パス」です。といってもピンときませんね。大丈夫です。以下のようなディレクトリ・ツリーを例にとって説明しましょう。

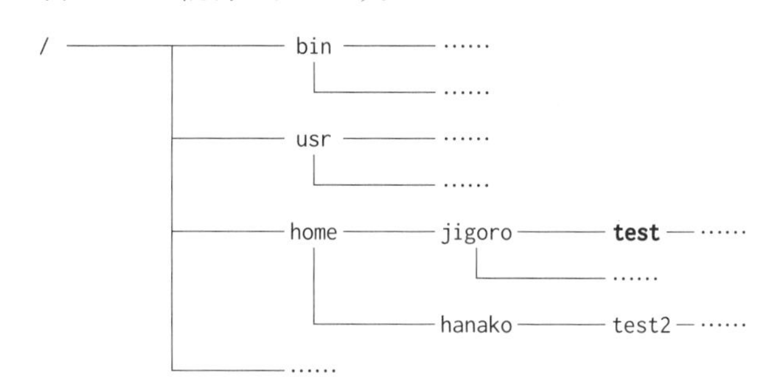

ここで、もしも「/home」というディレクトリをカレントディレクトリにしていれば、

```
./jigoro/test
```

が、前ページの図の「test」というディレクトリの相対パスになります。ここで「.」はカレントディレクトリを意味していますが、それは省略可能です。つまり、

```
jigoro/test
```

のように省略しても構いません。

質問 「./jigoro/test」で「.」を省略するなら、「/jigoro/test」ではないのですか？

答 そう思う気持ち、わかります！　でも、それはダメなのです。「/」は、「ディレクトリの階層の区切り」という意味と、「ルートディレクトリ」という２つの意味を持ちます。ここでは前者の意味で使われているのですが、「.」だけを省略して「/jigoro/test」にしてしまうと、左端の「/」は「ルートディレクトリ」という後者の意味に解釈されてしまうのです。

一方、もしも「/home/hanako/test2」がカレントディレクトリであれば、

```
../../jigoro/test
```

が、前ページの図の「test」というディレクトリの相対パスになります。わかりますか？　落ち着いて考えましょう。まず、「..」は「１つ上のディレクトリ」を意味するのでした。「/home/hanako/test2」にとって、１つ上のディレクトリ（「..」）は、「/home/hanako」です。さらに１つ上（「../..」）は「/home」です。ここから、「jigoro」におりて（「../../jigoro」）、そして「test」にまでおりれば（「../../jigoro/test」）、目的の「/home/jigoro/test」に行き着くわけです。

絶対パスと相対パスの違いを模式図に描くと、次のようになります。

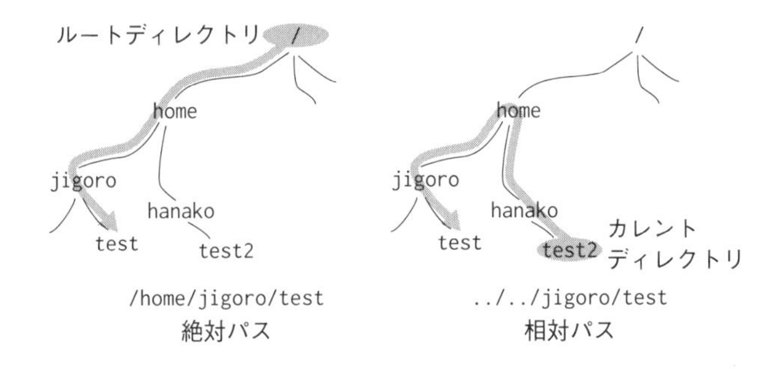

絶対パスは、たとえば「茨城県つくば市天王台筑波大学」というのが、茨城県の中のつくば市の中の天王台の中にある筑波大学、という意味であるのと同じようなものです。一方、相対パスでの表記は、たとえば、つくば市にいる人に対して筑波大学の住所を説明するとき、「天王台にあります」と言うようなものです。相手がつくば市内にいるならば、わざわざ「茨城県つくば市」を言う必要はありませんよね（言っても構いませんが）。

絶対パスと相対パスの、それぞれの利点と欠点は何でしょうか？　ちょっと考えてみましょう。カレントディレクトリのすぐ近くにあるディレクトリやファイルを指定するときは相対パスのほうが簡潔に表すことができて便利ですね。一方、カレントディレクトリから相当、遠く離れたところにあるディレクトリやファイルなら、絶対パスで指定するほうが面倒が少なそうです。

実は、そんなことよりももっと大事なことがあります。絶対パスは、カレントディレクトリがどこであっても、常に同じディレクトリやファイルを指定できますが、相対パスではそういうわけにはいきません。たとえば前ページの図で、「/home/jigoro/test」という絶対パスは、カレントディレクトリが「/home」だろうが「/home/hanako」だろうが「/home/hanako/test2」だろうが、どこでも通用します。しかし、「../../jigoro/test」という相対パスは、「/home/hanako/test2」からは正しくたどれますが、「/home」や「/home/hanako」などからは無意味なパスになってしまいます。ですから、さまざまなディレクトリから同じファイルやディレクトリにアクセスする可能性があるような場合は、絶対パスが便利なのです。

相対パスにもよい点があります。たとえば前ページの図で「test2」から「test」を参照するとき、相対パスで「../../jigoro/test」としておけば、もしもこれらが「/home」というディレクトリごとどこか別の（「/」以外の）場所に移動したり、「test2」や「hanako」の名前が変わったりしても、通用するのです。「/home」というディレクトリが「/home2」などの別名に変えられても通用するのです。

このあたりのメリットは、単にコマンドをシェルで対話的に打っているときはピンときませんが、あとでシェルスクリプトというものを学べば、「ああ、そういうことか」とわかってくるでしょう。また、ユーザーの好みや癖や、その他の要因もからんできます。実際に使うときは、総合的に判断して、使いやすいほうを選んでください。

さて、「ls」や「mkdir」「rmdir」などのコマンドは、パスを絶対パスでも相対パスでも指定できます。そのことを確かめてみましょう。以下のコマンドを試してみてください。

コマンド27とコマンド29では、「/home/jigoro」というディレクトリの中に、「test3」と「test4」というディレクトリをそれぞれ作りました。これらのコマンドのやったことはほとんど同じですが、作成対象のディレクトリを、コマンド

27では相対パスで指定し（「./」を省略しています）、コマンド29ではそれを絶対パスで指定したのです。

質問「/（スラッシュ）」って、インターネットのホームページのアドレスでよく使いますよね。Unixのディレクトリ区切りの「/」と何か関係あるのですか？

答 あります。世の中のホームページの多くは、Linuxも含めたUnixで管理・提供されています。Unixのパスの一部がそのままURL（ホームページのアドレス）になっているのです。

まとめ　ディレクトリの理解は、データを確実・効率的に管理する第一歩

いかがでしたか？「多少はLinuxを操っている気分がしたけど、でもまだ大したことをやってはいないな」という感想ではないでしょうか？　実際、ここで学んだのは、WindowsやMacならGUIでフォルダをクリックすればできるようなことです。それに、WindowsやMacのアプリケーションソフト（アプリ）は、ユーザーが気にしなくても自動的にディレクトリ（フォルダ）やファイルをうまく管理してくれることが多いですよね。

しかし、WindowsやMacでも、「あのファイルはどこのフォルダに行ったのかな？」みたいな経験は、あなたにもありませんか？　それは特に、あるアプリで作ったファイルを別のアプリで使うときに起きがちです。Unixでは、小さなアプリ（コマンド）をいくつも組み合わせて、しかも同時並行で使います。したがって、Unixでは特に、データ（ファ

イル）を見失ったり、同じ名前で上書きしたりしないように、ユーザーが、確実・効率的にそれらを管理する必要があるのです。おいおい学んでいきますが、UnixのCUIは、何百・何千ものファイルやディレクトリを一気に仕分けたり作り直したりできます。それは、GUIでアイコンを1個ずつクリックするよりも合理的なのです。

ところで、WindowsやMacのGUIに慣れた人が、Unixに触れて最初にぶつかる壁（？）の1つはカレントディレクトリという概念です。「今やっている仕事」は原則的にカレントディレクトリ（のファイル）を対象にするのがUnix（というかCUI）のスタイルです。初心者は、「場違い」なカレントディレクトリ（対象とするファイルが存在しないディレクトリ）でコマンドを打って、よく失敗します。ですので、最初のうちは特に、「カレントディレクトリはどこなのか」を強めに意識し、うまくいかなかったらpwdコマンドでカレントディレクトリをチェックしましょう。

最後に、本章で学んだことを、ちょっとおさらいしましょう。

・ディレクトリツリーはルートディレクトリ（「/」）から始まる入れ子構造
・ユーザーは必ずどこかのディレクトリにいる（「カレントディレクトリ」）
・カレントディレクトリの表示は「pwd」、変更は「cd」
・ログイン直後のカレントディレクトリは「ホームディレクトリ」
・「ホームディレクトリ」にはユーザーの個人的なデータを

おく

・ディレクトリの作成は「mkdir」、削除は「rmdir」、内容表示は「ls」
・ディレクトリ・ツリーの中でのディレクトリやファイルの住所を「パス」と呼ぶ
・ルートディレクトリ（「/」）から始まるパスが「絶対パス」、カレントディレクトリから始まるパスが「相対パス」

質問 私のLinux環境では、この本とは違う反応がちょいちょい出てくるので戸惑っています。

答 Linuxにはいろいろな流儀が存在し、それぞれ設定が微妙に違います（特に、プロンプトやエラーメッセージ）。こういう細かい違いに慣れるのも大事なスキルです。というのも、計算機のスキルは、よい意味での「アバウトさ」というか、本質と末節を区別する勘が大事なのです。細かい差異はあまり気にせず、一連のコマンドの最終結果を見てみましょう。うまくいってそうならOKだし、何かダメそうなら、個々のコマンドをチェックして考えるのです。わからなかったらひとまず放置して先に進みましょう。そのうちいつか疑問は解消し、勘が働くようになってきます。

日本語での会話でも、方言によって微妙な表現の違いがあって気になることがありますよね。でも、あまり気にせず、話の流れに身を任せていれば、やがて会話が成立し、よくわからないなと思っていたことも「ああ、そういうことだったのか」とわかるようになったりします。コンピュータも同じです。

チャレンジ！

本章で学んだ知識を応用し、理解を深める演習問題です。解けなくても、これ以降の内容を読むのに支障はありません。

演習4-1

以下のコマンドを試してください。これは何をするコマンドでしょうか？

```
$ man man
```

終了するには[q]キーを押します

演習4-2

結果を予想しながら以下のコマンドを順に打って、各コマンドの機能を解釈してください。

```
$ mkdir test5
$ ls -ld test5
$ mkdir test5/test6
$ rmdir test5
$ rm -rf test5
$ ls -ld test5
```

エラーが出るでしょう

【コメント】空っぽでないディレクトリを消すには、「rmdir」でなく、rm -rfコマンドを使います。「-rf」は、「-r」と「-f」という2つのオプションを組み合わせたものです。

演習4-3

以下のコマンドを順に打ってみましょう。

```
$ sudo apt-get install tree
```

パスワード入力が必要かもしれません

```
$ tree /home
```

この「tree」は何をするコマンドでしょうか？

【ヒント】`$ man tree`

今度はファイルをいじる方法を学びましょう。WindowsやMacなら、とりあえずアイコンをダブルクリックするか、右クリックして何かしますね。LinuxでもGUIを使えばそういうふうにできます。でも、CUI（シェル）では、そういう操作もコマンドでやるのです。

ファイルの中身を見るcatコマンド

ファイルの中身を見るには、多くの場合、「cat」というコマンドを使います。「cat」に続けて、表示したいファイルの名前を引数として与えればよいのです。試しに、「/proc/cpuinfo」というファイル（これは前章で学んだ絶対パスの記法ですね。ルートディレクトリの中の「proc」というディレクトリの中の「cpuinfo」というファイルです）の中身を表示させてみましょう。以下のコマンドを試してみてください。

コマンド01
```
$ cat /proc/cpuinfo
```

```
processor       : 0
vendor_id       : GenuineIntel
cpu family      : 15
model           : 4
model name      : Intel(R) Celeron(R) CPU 3.06GHz
stepping        : 9
microcode       : 0x3
cpu MHz         : 3056.775
cache size      : 256 KB
physical id     : 0
siblings        : 1
core id         : 0
cpu cores       : 1
apicid          : 0
initial apicid  : 0
```

この中身は、あなたのマシンのCPU（中央演算処理装置……コンピュータのいわば「頭脳」にあたる部品）に関する情報です。その中身は今は理解できなくても構いませんが、慣れてくるとこういうのを覗くのが楽しくなってきます。そのうち、新しいマシンをさわるときは、このコマンドを打って、どのくらい凄いマシンなのかを確認したくなるものです。

質問 catって、猫という意味ですよね？　なぜ猫がファイルの中身を表示するのですか？

答 catは猫ではなく、concatenateの略だそうです。でも、そんなの、わかりっこありませんよね。コマンドの意味を英語の意味に結びつけて理解したり覚えたりするのは、勉強法として有効なこともありますが、こだわりすぎは逆効果です。意味を過剰に意識するのは無意味なのです。外国語を学んでいるようなものと思って、「こういうときにはこういうコマンド」で受け入れましょう。

質問 そんなんじゃ覚えられません。なんでわかりやすい名前じゃないのでしょうか？

答 うーむ、これはUnixを作った偉人たちの気まぐれというか遊び心なのかもしれませんね。猫が好きだったのかな？　人が勝手に作った規則や呼び方を苦労して覚えるのは嫌だという気持ち、わかります。でも、これらのコマンドは世界中のUnixやLinuxで使えます。そのメリットを考えて、まあ、覚えていきましょうよ。新たに自分でOSを開発するよりは楽ですし……。

テキストファイルは文字情報

　さて、catコマンドはどんなファイルでも見ることができるというわけではありません。試しに、「/bin/pwd」というファイル（これも絶対パスですね！）をcatコマンドで覗いてみましょう。

コマンド02　`$ cat /bin/pwd`

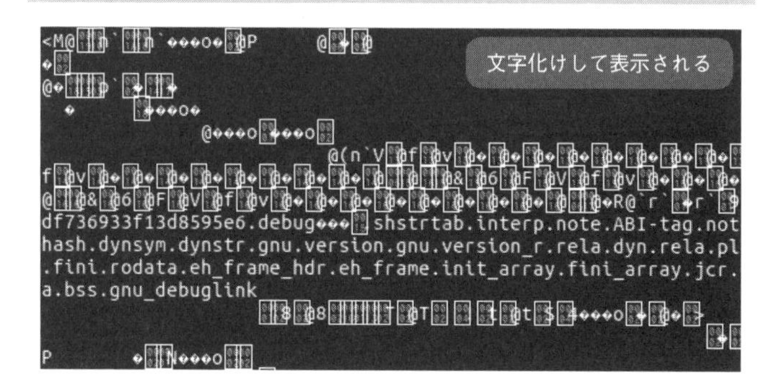

どうでしょう？　文字化けした表示が洪水のように出てきてしまいましたね。

質問 **コマンド02を打ったらひどいことになりました。最後のプロンプトまでもが文字化けしてしまって、何を打ち込んでも文字化けしてしまいます。**

答 ごめんなさい！　もしもそうなったら、[Ctrl] キーを押しながら [d] キーを押してください。そうするとターミナルが閉じます。そうしたら、ターミナルを立ち上げ直してください。

実は、コマンド01で表示した「/proc/cpuinfo」というファイルと、コマンド02で表示しようとした「/bin/pwd」というファイルは、種類（中身の記述の仕方）が違うのです。前者は「**テキストファイル**」という種類のファイルですが、後者は「テキストファイル」ではないのです。catコマンドで表示できるのは「テキストファイル」だけなのです。

テキストとは、文字で表された情報です。コンピュータの中では、それぞれの文字は、特定の数値（の並び）で表現されます。それを**文字コード**とか**キャラクターコード**と言います。テキストファイルは、文字、すなわち「文字コードで定められた数値」だけが並んで格納されているファイルです。

Unixでは、テキストファイルがとても大切です。というのも、**Unixでは、OSに関わるほとんどすべての設定情報を、テキストファイルとして管理する**、という文化があるからです。Windowsでは、あちこちのウィンドウやタブを開いてプロパティをクリックして……というようなことを、

Unixでは、catコマンドや、後に述べるviコマンド（テキストファイルを編集するコマンド）を使って、テキストファイルをいじるという形でおこなうのです。

バイナリファイルは テキストファイル以外のファイル

それにしても、コマンド02で、文字化けの洪水が出てきたときにはびっくりしましたね。なぜあんなことが起きたのか、もう少し考えてみましょう。

そもそも、コンピュータのファイルは、どんなものであれ、何らかの数値が並んで格納されたものなのです。その「何らかの数値」が「文字コード」に限定されている場合、そのファイルをテキストファイルと呼びます。ところが文字コード以外の数値を含むようなファイルも世の中にはあり得るのです。それを「**バイナリファイル**」と呼びます。要するに、テキストファイル以外のファイルがバイナリファイルです。

コマンド02で文字化け洪水を起こした「/bin/pwd」というファイルは、実は、バイナリファイルだったのです。それをcatコマンドが無理矢理にテキストファイルとして解釈しようとし、たまたま文字コードに該当した数値をその文字に置き換えて表示したものですから、意味不明の文字の羅列になったのです。

質問 ちょっと！　バイナリファイルはテキストファイル以外のファイルだ、なんて不正確なことを言わないでください。テキストファイルもバイナリファイルの一種ですよ！

答 あなたは上級者ですね。それ、初心者が混乱するから、言いたくなかったのです……。でも仕方ない、説明しておきましょう。ここ、気にならない人は、スルーで構いません。先述のように、ファイルは数値の羅列です。実は、そのような見方でファイルを扱うとき、そのファイルをバイナリファイルと呼ぶのです。その見方では、テキストファイルも文字コードとはいえ数値の羅列ですから、バイナリファイルの一種と言えます。ただ、現実的な場面では、「バイナリファイル」は「テキストファイル」の対義語のように使われ、「テキストファイルでないファイル」という文脈で頻繁に使われます。これはたとえて言うなら、「政治家」と「市民」みたいなものです。政治家も市民の一種（?）ですが、「政治家と市民の対話」と言うときは、「市民」は「政治家以外の市民」を意味しますよね。

質問 あるファイルがテキストファイルかバイナリファイルかは、どうやれば見分けることができますか？

答 一応、「file」というコマンドで判定できますが、それを使いこなすにはもう少し勉強が必要です。現実的には、テキストファイルなのかバイナリファイルなのか見分けたいという状況には、めったに遭遇しません。

質問 「/bin/pwd」というファイルは、何のために存在するのですか？

答 実は、「/bin/pwd」ファイルは、前章のコマンド01、03、05で打ったpwdコマンドそのものなのです。pwdコマンドは、1つのプログラム（アプリケーションソフト）

です。そのコマンドをコンピュータが実行するための手順が、コンピュータにわかるような形式（数値の羅列！）で記述されているのです。コンピュータにわかりさえすればよいので、そもそもユーザーが中身を見る必要はないのです。見てもどうせ何もわからないですしね。

質問 「/bin/pwd」がバイナリファイル（数値が並んだファイル）であるなら、catコマンドでは、その数値が表示されるはずではないのですか？　なぜ文字化けが表示されたのですか？

答 catコマンドは、文字コードの取り決めに従って、各数値を文字に置き換えて表示します。だから、catコマンドは、「/bin/pwd」の中のさまざまな数値を、そのまま数値としてではなく、それらに対応する文字（我々が普段はお目にかからないような変な文字も含めて！）に無理やり置き換えて表示してしまったのです。

質問 では、「/bin/pwd」の中身を数値として表示するにはどうすればいいのですか？

答 うーむ、初心者がそこまでやりたがるとは……いいでしょう、教えてあげます。

コマンド03
```
$ od -t d1 /bin/pwd
```

です。このコマンドの意味とか、表示される内容の形式とかは、あなたのような好奇心の強い人ならばいずれわかってきますので、今はこのくらいにして先に進みましょう。

ところで、次のコマンドを打ってみてください。

```
コマンド04  $ ls /bin/pwd -l
```

```
-rwxr-xr-x 1 root root 31472  2月 18 22:37 /bin/pwd
```

ここでは、「/bin/pwd」というファイルの詳細（ファイルサイズや作成年月日など）が表示されました。使ったコマンドは、前章のコマンド15や16で出てきたlsです。先ほどは「ls」はディレクトリの中身を表示しましたが、コマンド04のように、単体のファイルに関する情報を表示することもできるのです。

ところで、コマンド04の結果を、前章のコマンド16で打った、「$ ls /usr -l」の結果（91ページ）と比べてみましょう。あのときは、ずらっと並んだ結果の左端に、「d」という文字があったのを覚えていますか？（覚えていなければ、今、もう一度試してみてください。）あの「d」はディレクトリを意味するしるしでしたね。ところが、ここのコマンド04の結果では、その「d」は付いていませんね。それは当然で、「/bin/pwd」というのはディレクトリではなく、1つのファイルだからです。

長い名前は補完機能で楽に入力

さて、ディレクトリ名も含めて、長いファイル名を打ち込むのはとかく面倒なものです。そこで、コマンドに続けてディレクトリ名やファイル名を打ち込むとき、ある程度の部分を打てば、あとはその部分から始まるファイル名を自動的に判断して補完してくれる、便利な機能があります。

たとえば、「/usr/local」というディレクトリの中身を表示してみましょう。打ちたいコマンドは、「ls /usr/local」です。まず中途半端にこんなふうに打ち込んでいったん止まってください。

```
$ ls /u
```

ここで［Tab］キー（キーボードの左上のあたり）を押すと、

```
$ ls /usr/
```

と、自動的に「/usr/」まで表示されます（ここで末尾にスペースが入ってしまう場合がありますが、その場合は［BackSpace］キーでそのスペースを削除してください）。さらに、

```
$ ls /usr/lo
```

と、また中途半端に打ち込んで、［Tab］キーを押すと、

```
$ ls /usr/local/
```

というふうに、自動的に補完してくれます。この機能は、似たような名前のファイルやディレクトリが複数あるときは、

もう少し長いところまで名前を打ち込んで［Tab］キーを押すと、うまくいきます。

この機能を使えば、先ほどのコマンド01（107ページ）で打った

```
$ cat /proc/cpuinfo
```

も、「cat /pr」で止まって［Tab］キー、「cat /proc/cpui」で止まって［Tab］キーを押せば、簡単に打てます。

質問 すごい、なんでこんなことができるの？　Linuxは私の心が読めるのですか？

答 いえ、これは単純な仕組みです。「ls /u」と入れた時点で、Unixのコマンドの文法から言って、「/u」以下はディレクトリやファイルの名前がくることはほぼ確実で、「/u」から始まるのはたまたま「/usr」しかない。そういうわけで、Linuxは「ls /u」を「ls /usr」と補完するのです。ただし、この機能は、古いシェルにはありません。

質問 「古いシェルにはこの機能はない」という話ですが、古いものが低機能なのは当然ですよね。だから、古いものはさっさと使うのをやめて、新しいものだけにすべきではないのですか？　そのほうが話も楽だし。

答 いえ、Unixの考え方では、必ずしも「古いもの＝ダメなもの」ではないのです。以前も述べましたが、長い時間、多くの人々に使われ続けたものは、よい意味で「枯れている」のです。Unixは、枯れているものを大事にします。

Unixの進歩は、枯れた技術の積み重ねが支えているのです。だから、大事なところは変わらないでいられるのです。また、古いものは、多くの場合、今よりもずっと貧弱なコンピュータで動くように作られたので、軽快に動くのです。それは、コンピュータの性能が上がった今も、とても有用な長所です。なぜなら、コンピュータの上では、たくさんのプログラムが同時に走ることが多いからです。どんなに強力なマシンでも、何百、何千というプログラムを同時に走らせるとなると、個々のプログラムを軽快にする必要が出てきます。

ファイルを作ってみよう

次に、ファイルを作ってみましょう。ファイルを作るには実にさまざまなやり方がありますが、手始めに、「すでにあるファイルからコピーして新たにファイルを作る」というのをやってみます。それには「cp」というコマンドを使います。copyの略ですね。試しに、コマンド01で中身を覗いてみた「/proc/cpuinfo」というファイルを、ホームディレクトリに、「abc」という名前でコピーしてみましょう。

コマンド05

```
$ cd ~
```

ホームディレクトリに移動

コマンド06

```
$ cp /proc/cpuinfo abc
```

/proc/cpuinfoというファイルをabcという名でコピー

コマンド07　$ ls

```
abc               test3  ダウンロード  デスクトップ  ビデオ    ミュージック
examples.desktop  test4  テンプレート  ドキュメント  ピクチャ  公開
```

abcというファイルができているはず

コマンド08　$ cat abc　abcというファイルの中身を表示

```
processor       : 0
vendor_id       : GenuineIntel
cpu family      : 15
model           : 4
model name      : Intel(R) Celeron(R) CPU 3.06GHz
stepping        : 9
microcode       : 0x3
cpu MHz         : 3056.775
cache size      : 256 KB
physical id     : 0
siblings        : 1
core id         : 0
cpu cores       : 1
apicid          : 0
initial apicid  : 0
```

コマンド08の結果は、見た目は「cat /proc/cpuinfo」というコマンド（コマンド01）の結果と同じ（107ページ）ですが、実体としては、カレントディレクトリの中の「abc」というファイルの中身を表示しています。つまり、「/proc/cpuinfo」というファイルと同じものが、「abc」という名前で新たにできたわけです。

質問 ファイルを作る、といっても、コピーしただけじゃな

いですか。自分の必要なファイルを一から作るにはどうするのですか？

答 まあそう急がないで。先ほども言ったように、ファイルの作り方は実にさまざまです。おいおい説明します。まずは、単なるコピーであっても、自力でファイルを作れたことを喜びましょう。

ファイルの名前変更・移動・削除

では、このファイルの名前を変えてみましょう。前章で、「mv」というコマンドを使って、ディレクトリの名前を変えましたが、同じようなやり方でOKです。ここでは「abc」という名前を、「xyz」という名前に変えてみます。

コマンド09
```
$ mv abc xyz
```
abcという名のファイルを、xyzという名に変更する

コマンド10
```
$ ls
```

```
examples.desktop  test4  ダウンロード  デスクトップ  ビデオ    ミュージック
test3             xyz    テンプレート  ドキュメント  ピクチャ  公開
```
abcというファイルが消え、xyzというファイルができている

ちなみに、mvコマンドは、名前変更だけでなく、ファイルを別のディレクトリに移動することにも使えます。試してみましょう。まず、何か新しいディレクトリを作ります。名前は何でもいいのですが、とりあえず「kodansha」にして

おきましょうか。

コマンド11　$ mkdir kodansha

kodanshaというディレクトリを作る

念の為、確認しましょう。

コマンド12　$ ls

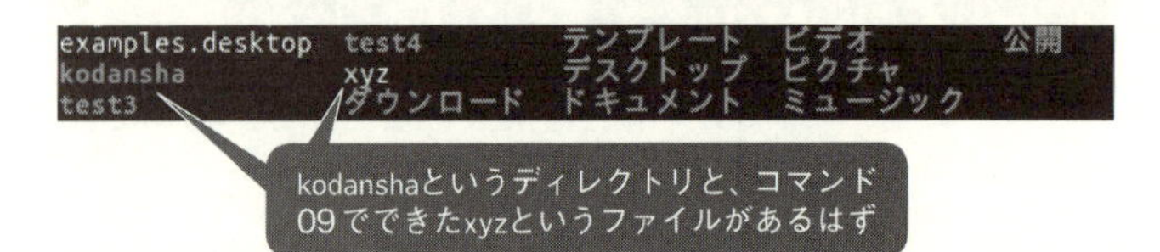

では、「xyz」というファイルを「kodansha」というディレクトリに移動してみましょう。

コマンド13　$ mv xyz kodansha

「ko」くらいまで打って[Tab]キーを押すと、自動的に補完してくれる

すると、カレントディレクトリから「xyz」が消えているはずです。確認しましょう。

コマンド14　$ ls

```
examples.desktop  test3  ダウンロード  デスクトップ  ビデオ    ミュージック
kodansha          test4  テンプレート  ドキュメント  ピクチャ  公開
```

xyzというファイルがなくなっている

なくなったファイル「xyz」は、「kodansha」というディレクトリに移動したのです。確認しましょう。

コマンド15　`$ ls kodansha`

```
xyz
```

xyzというファイルがあった！

質問 **うーん、何か気持ち悪いです。コマンド13はコマンド09とそっくりです。コマンド13も、コマンド09のように、「xyzというファイルの名前をkodanshaに変える」というコマンドのように見えてしまいます。mvコマンドがファイル名変更なのかディレクトリ移動なのか、どう判断されるのですか？**

答 よい質問です。ケースバイケースで判断されます。コマンド11で「kodansha」というディレクトリをあらかじめ作っておいてからコマンド13を走らせたところがミソです。すでにその名のディレクトリがあるのだから、コマンド13の「kodansha」は「新しいファイル名」ではなく、「行き先のディレクトリの名」であると判断されたのです。でも、確かに、mvコマンドの行き先がファイルなのかディレクトリなのか、ぱっと見では紛らわしいですね。ですから私は、コマンド13のようなコマンドは、以下のように打つことにしています。

```
$ mv xyz kodansha/
```

このように、末尾に「/（スラッシュ）」を付けることで、これはディレクトリなのだ、ということを明示するのです。これでも全く問題なく動きます。

今度は、このファイルを、元あったカレントディレクトリに戻してみましょう。

コマンド16　$ mv kodansha/xyz .

.の前には半角スペースを

このコマンドで、末尾の「.(ドット)」は「カレントディレクトリ」を意味するのです。「xyz」と「.」の間に半角スペースを忘れないでくださいね。では、うまくいったか確認しましょう。

コマンド17　$ ls

```
examples.desktop  test4        テンプレート  ビデオ        公開
kodansha          xyz          デスクトップ  ピクチャ
test3             ダウンロード  ドキュメント  ミュージック
```

xyzというファイルが、カレントディレクトリに戻っている

いかがですか？　「xyz」というファイルは、カレントディレクトリに戻っていますね。ということは、「kodansha」というディレクトリは空っぽのはずです。コマンド15を打って確認してみてください。

ファイルを消すには「**rm**」というコマンドを使います。removeの略ですね。試してみましょう。「xyz」というファイルを消してみるのです。

コマンド18　$ rm -f xyz

xyzというファイルを消す

コマンド19　$ ls

```
examples.desktop  test3  ダウンロード  デスクトップ  ビデオ    ミュージック
kodansha          test4  テンプレート  ドキュメント  ピクチャ  公開
```

xyzというファイルが消えているはず

うまくいきましたか？

質問 コマンド18の、「rm」のあとの「-f」というのは何ですか？

答　「有無を言わさず消す」という意味のオプションです。rmコマンドを実行すると、ファイルを消す前に「削除しますか？」というふうに確認を求められることがあります（システムの設定や状況によって、そうならないこともあります）。それがうっとうしいので、ここでは-fオプションを付けていただきました。よかったら、「-f」を付けないで同じことを試してみてください。

ファイル名に使ってはダメな文字

ここで１つ注意です。ディレクトリやファイルの名前には、半角スペースや、「/」「?」「*」「<」「>」「|」「;」「:」「¥」「,」などを使わないようにしましょう。これらがファイル名に入っていると、トラブルの原因になりかねません。

たとえば、「abc def.txt」という名のファイルがあったとしましょう。その内容を表示させようとして、

```
$ cat abc def.txt
```

と打っても、うまくいきません。というのも、catコマンドは、これを、「abcというファイルと、def.txtというファイル（2つのファイル）を表示せよ」というふうに解釈するのです。このように、Unixのコマンドは、スペースを情報の区切りとして認識してしまいます。

「/」は以前説明したように、パスの中でディレクトリ同士の区切りを意味する文字ですから、たとえば「abc/def.txt」というファイル名は、「abcというディレクトリの中のdef.txtというファイル」と誤解されます。「<」「>」「|」「?」「*」は、次章以降で活躍する、特別な記号達です。「;」はUnixでは1行内に複数コマンドを併記するときの区切りという意味を持ちます。「:」「¥」「,」は、他のOSや、ある種のソフトや言語環境で特別な意味を持ちやすい記号です。

質問 でも、スペースやカンマがファイル名に使われることって、よくあると思いますけど……。

答 GUI環境ではよくありますね。でも、トラブルの元ですから、できるだけ避けましょう。一種のITリテラシーというか、「行儀」のようなものだと思ってください。

質問 こんなにたくさんの「使っちゃダメな文字」なんて、覚えきれません……。

答 そうですね。ですから私はむしろ、「ファイル名やディレクトリ名に使ってよい文字」を決めてしまって、それ以外の微妙な文字は使わない、という、独自のポリシーでやっています。その中で使ってよいのは、半角のアルファベット(大文字と小文字)、半角の数字、そして「-」（ハイフン）と「_」（アンダースコア）と「.」（ドット）だけです。上に挙げた文字だけでなく、「+」や「@」なども使いません。漢字などの全角文字も、できるだけ避けています。全角文字は、ASCIIコードではない、もっと複雑な文字コードに依存しますので、OSや環境設定が異なると文字化けする可能性があるからです。

質問　そういう「独自のポリシー」って、窮屈な気がしますが……。

答　もちろん、私のポリシーをあなたに押し付けるつもりはありません。しかし、コンピュータは、結構「なんでもあり」なのに、思わぬところに落とし穴があります。それを避けるために、特に選択の自由度が大きいことについては、無難なチョイスをあらかじめ決めておくほうが気楽です。もしトラブルに遭ったとしても、自由度が少ない分、原因究明と解決が楽ですしね。

まとめ　ファイルを制するもの、Linuxを制す

　いかがでしたか？　ディレクトリが入れ子になっていて、その中の随所にファイルが収められているというイメージは、WindowsやMacでもおなじみのものです。ファイルにはテキストファイル（catコマンドで表示できる）とバイナリファイルという、おおまかに2種類がありました。ファイ

ルのコピー、名前変更、消去はそれぞれ「cp」「mv」「rm」というコマンドでした。

ついでに、もう1つ、Unixの文化を紹介しておきます。それは、「**すべてのデバイスをファイルとして表現する**」というものです。デバイスとは、画面やハードディスクやプリンタなど、コンピュータの部品や周辺機器のことです。それらをOSはうまく識別して管理するのですが、Unixでは、それらをそれぞれ1つずつのファイルとして識別・管理するのです！

質問 ちょっと何を言ってるのかわからないです。ファイルって、ドキュメントとか画像とか動画とか、とにかく何かのデータをひとまとめにしたものですよね。画面やハードディスクやプリンタがファイルって、どういうことですか？

答 そう感じるのも無理はありません。これは、Unixの数々の特徴の中でも、とてもユニークな概念です。Unixでは、ファイルを、あなたの言うような「データをひとまとめにしたもの」よりも、広く抽象的に捉えるのです。そういうふうにする理由はいろいろあるのですが、1つは次章を読んでいただくとわかるでしょう。

デバイスがファイルとして認識されていることを、実際に確認してみましょう。

コマンド20 `$ ls /dev`

と打ってみてください。たくさんファイルが表示されますね

(図5-1)。これらはデバイスファイルというもので、あなたのマシンのデバイスを1つずつ、ファイルとして表現したものなのです。

このことからなんとなくわかると思いますが、前章で学んだディレクトリの操作法と、本章で学んだファイルの操作法は、Linux操作の入り口であるばかりでなく、どんなにエキスパートになっても使い続ける、基礎中の基礎のスキルなのです。

```
agpgart        lightnvm      ram5     tty2   tty54   ttyS30
autofs         log           ram6     tty20  tty55   ttyS31
block          loop-control  ram7     tty21  tty56   ttyS4
bsg            loop0         ram8     tty22  tty57   ttyS5
btrfs-control  loop1         ram9     tty23  tty58   ttyS6
bus            loop2         random   tty24  tty59   ttyS7
cdrom          loop3         rfkill   tty25  tty6    ttyS8
cdrw           loop4         rtc      tty26  tty60   ttyS9
char           loop5         rtc0     tty27  tty61   ttyprintk
console        loop6         sda      tty28  tty62   uhid
core           loop7         sda1     tty29  tty63   uinput
cpu                          sda2     tty3   tty7    urandom
                             sda3     tty30  tty8    usb
               ram1                   tty31  tty9    userio
i2c-0          ram10
i2c-1          ram11         tty12                   vhci
i2c-2          ram12         tty13    tty48  ttyS24  vhost-net
i2c-3          ram13         tty14    tty49  ttyS25  zero
i2c-4          ram14         tty15    tty5   ttyS26
i2c-5          ram15         tty16    tty50  ttyS27
initctl        ram2          tty17    tty51  ttyS28
input          ram3          tty18    tty52  ttyS29
kmsg           ram4          tty19    tty53  ttyS3
jigoro@ubuntupc:~$
```

図5-1　「ls /dev」を実行した結果

チャレンジ！

本章で学んだ知識を応用し、理解を深める演習問題です。解けなくても、これ以降の内容を読むのに支障はありません。

演習5-1

以下のコマンドを順に打って、結果を観察してください。

```
$ mkdir >test
```

エラーが出ます

```
$ mkdir ¥>test
```

¥はキーボードの右下の[Shift]の左にある[\]キー

```
$ ls
$ rmdir >test
```

エラーが出ます

```
$ rmdir ¥>test
$ ls
```

【コメント】ここで出た「>」は、ファイル名やディレクトリ名に原則的には使ってはいけない文字の1つです。そのような文字を「特殊文字」と言います。「¥」をつけることで、その特殊性を例外的に無効化できます。そのような処理を「エスケープ」と言います。

演習5-2

(1) 以下のコマンドを打ってください。

```
$ ls /dev
```

(2) パソコンにUSBメモリを接続したあと、(1) で打ったコマンドを再度、打ってみてください。(1) の結果と比べて、何か違ったことはありますか？ (特に、「sd」で始まるファイル)

【コメント】これは、USBメモリをLinuxがどのような「ファイル」として認識するかを試す課題です。USBメモリやハードディスクは、「/dev」というディレクトリの中に、「sda1」「sda2」「sdb1」……等の名前のファイルとして認識されます。

標準入出力

前章までで、ファイルの情報を表示するlsコマンドや、ファイルの中身を表示するcatコマンドなどを学びました。「ls」や「cat」の結果は画面に表示されました。このように、コンピュータやソフト（「ls」や「cat」というコマンドなど）が、処理の結果を何らかの形で外に向かって出すことを、「出力」とか「アウトプット」と言います。出力のやり方は、画面表示だけではありません。プリンタに印刷したりハードディスクやUSBメモリに書き出すのも立派な出力です。

一方、コンピュータやソフトに情報を受け渡すことを「入力」とか「インプット」と言います。出力やアウトプットの反対ですね。ユーザーがコンピュータにインプットするときは、多くの場合、キーボードやマウスを使いますが、それだけではありません。スマホに声で命令を伝えることもありますが、あのような音声入力も入力の一つです。

入力と出力をあわせて、入出力と呼びます。本章では、昔からUnixで使われている入出力の仕組みを学びましょう。それは「**標準入出力**」というものです。これは、マウスや音声入力のようなものではなく、割と地味なのですが、大変に面白い仕組みです。それは、入出力をキーボードや画面に限定しないで、より抽象的に扱うものです。それによって、情報の受け渡しが、ユーザーとコンピュータの間だけでなく、コンピュータの中のソフトウェア同士の間でも容易になるのです。Unixでは、この仕組みを駆使して、小さなソフトウェア（コマンド）をいくつも組み合わせて、複雑で大きな処理を、柔軟に、かつ、分散しておこなうのです。

と言っても、ピンとこないかもしれませんね。大丈夫です、1つずつ理解していきましょう。

出力リダイレクトで画面以外に出力してみよう

最初に出力についてです。Unixの出力は、画面にもできますが、画面以外にもできるのだ、ということを今から体験していただきます。

まず、ターミナルを開きましょう。そうしたら、念の為、ホームディレクトリに戻ってください。それには「$ cd」でよかったですね（86ページのコマンド10）。では、以下のコマンドを打ってみましょう。

コマンド01　`$ echo Hello!`

```
Hello!
```

いかがですか？「**echo**」というコマンドは、そのあとに続く文章を、オウム返しのように、そのまま表示する、という機能を持ちます。英語でechoとは「山びこ」という意味を持ちますが、まさしくその意味どおりのコマンドですね。

質問 そんなつまらないコマンドに何の意味があるのですか？

答 これだけだとつまらないですが、少し工夫すると、とても役立つコマンドになります。このあと、このコマンドを使ってファイルを作ります。また、シェル変数とかシェルスクリプトというものをあとで学びますが、そこでもこのコマンドは大活躍します。

では次に、以下のコマンドを試してください。

コマンド02
```
$ echo Hello! > output
```
[↑]キーでコマンド01を再表示し、それに「> output」と付け加える

```
jigoro@ubuntupc:~$
```
何も表示されず、プロンプトに戻る

前ページのコマンド01に、「> output」というのを付け加えただけですが、今度は先ほどのようなオウム返しの表示が何もなく、静かにプロンプトに戻ってしまいました。実は、このとき、「Hello!」という表示の出力先が、画面ではなく、「output」という名前のファイル（新しくカレントディレクトリに作られます）に切り替えられたのです。実際、「output」という名前のファイルができていることを、次のコマンドで確認してみましょう（ファイルの情報を表示するコマンドはlsでしたね）。

コマンド03
```
$ ls -l output
```
outputというファイルの情報を表示せよ

```
-rw-rw-r-- 1 jigoro jigoro 7  7月 20 14:21 output
```

-rw-rw-r--の部分は多少違っていても構わない

月日と時間は、今しがたの日時になっているはず

いかがでしょう？　確かに「output」という名のファイルができていますね。このファイルには、先ほど画面に表示されていた「Hello!」という文が書かれているはずです。確認してみましょう（ファイルの中身を表示するコマンドはcatでしたね）。

コマンド 04　`$ cat output`

outputというファイルの中身を表示せよ

```
Hello!
```

やっぱり！　思ったとおり、「Hello!」と出てきました。コマンド02の「> output」という部分によって、echoコマンドの出力が、「output」というファイルに切り替えられていたのです。だから、「output」というファイルが新たにカレントディレクトリに作られていて（コマンド03の結果）、その中身は「Hello!」という文だったのです（コマンド04の結果）。コマンド02の「>」という記号が、まるで矢印の頭部のように、コマンドからファイルへと情報が流れていく様子を表すのです。そして、「echo」という、**ただのオウム返しをするだけのつまらないコマンドが、テキストファイルを作るツールに化けたのです！**

このように、出力をファイルに書き込むことは、他のコマ

ンドでもできます。たとえば、第3章で、「date」というコマンドを学びましたね。忘れていても大丈夫です。「date」は日付を表示するコマンドでした。では以下を試してみましょう。

コマンド05　$ date > output

この段階では、何も画面に表示されず、プロンプトが戻ってくるだけです。しかし、次のコマンドを打つと……

コマンド06　$ cat output

outputというファイルの中身を表示せよ

```
2016年  7月 20日 水曜日 14:32:51 JST
```

月日と時間の部分はあなたがコマンド05を実行した日時によって変わるはず

となります。これは「dateコマンドの結果」のように見えますが、厳密にはそうではなく、「dateコマンド（コマンド05）でできたoutputというファイルの中身を表示させた結果」なのです。実際、コマンド05をやってからある程度の時間を空けて（お風呂にでも入って）コマンド06をおこなうと、だいぶ前の時刻（コマンド05をやった時刻）が表示されるでしょう。

このように、普通なら画面に表示される結果を、コマンドの末尾に「> output」というような語を付け加えると、結果を別のところ（この場合は「output」というファイル）に出すことができるのです（ここでファイル名は「output」でなくても構いません。ユーザーが好きな名前でつければOKです)。これはUnixではとても基本的で大事な機能であり、「**出力リダイレクト**」と呼ばれます。「リダイレクト」は、「ダイレクト」(方向づける)に「リ」(やり直す)を付けた言葉ですので、「方向づけし直す」という意味です。ここでは、出力の方向を、outputというファイルに向け直したわけです。

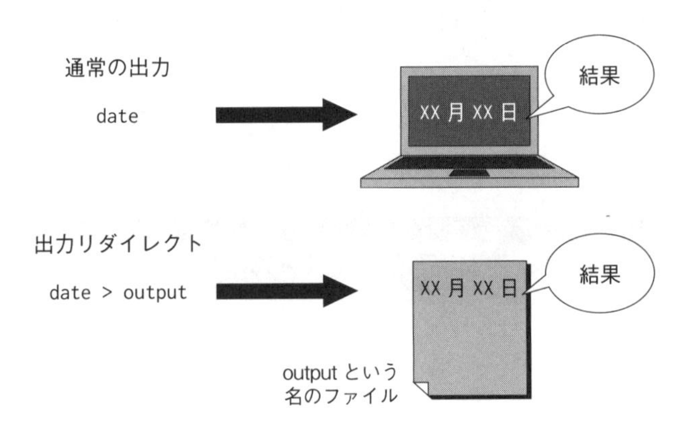

上書き？　追記？
出力リダイレクトはどちらもできる

さて、先ほどの例では、echoコマンド(131ページのコマンド02)でできた「output」ファイルの中身「Hello!」が、そのあとにdateコマンド(コマンド05)を実行した結果、上書きされて消えてしまいました。ところが、コマンド05の中の「>」という記号を「>>」に取り替えると、前の内容を消さずに、ファイルの末尾に新しい結果を追記していきます。これも一種の出力リダイレクトです。やってみましょう。以下の2つのコマンドを順に打ってください。

コマンド07　`$ echo Hello! > output`

コマンド08　`$ date >> output`

そうすると、「echo」の結果と「date」の結果が順番に1つのファイル「output」に書き込まれるのです。確かめてみましょう。

コマンド09　`$ cat output`

```
Hello!
2016年  7月 20日 水曜日 15:03:56 JST
```

となります。ほらね？「>」はファイルを上書きするとき、「>>」はファイルを上書きせず、末尾に追記するときに使います。ファイルが存在しないとき（新規にファイルを作るとき）は、どちらも同じ結果になります。

質問 上の例では、最初のコマンド07は「>>」でなくて「>」になっていますが、なぜですか？

答 もしそこも「>>」にすると、その場合は、さらに前のコマンド05でやった、「date」の結果がすでに書き込まれている「output」ファイルに追記されることになります。実はこれは、Unixを使う上でよくある**危険な落とし穴**（ミスの原因）です。たくさんの処理の結果をリダイレクトで１つのファイルにどんどん吐き出していく、というのはUnixのよくある使い方なのですが、そのとき、いつも「>>」でやっていると、処理を修正して再実行したときに、古い結果が残ったまま、新しい実行結果がその後ろのほうに追記されます。ところがそれにユーザーが気づかないと、ファイルの頭部に記録された、古い結果をいつまでも見てしまい、「おかしいな、直ってないな……」と右往左往することになるのです（それで私は多くの時間を無駄にしました……）。そういうわけで、一連の処理において、最初のリダイレクトは「>>」でなく「>」にすることによって、すでにファイルが存在する場合には以前の内容をわざと消してしまうのです。

入力リダイレクトで キーボード以外から入力してみよう

今度は「入力リダイレクト」という機能を学びましょう。これは、端的に言えば、普通ならキーボードから入力するところを、ファイルから入力する、という機能です。先ほど学んだ「出力リダイレクト」はファイルに出力するのでしたから、その反対ですね。

入力リダイレクトを学ぶのに手近な材料は、「**bc**」というコマンドです。「bc」は、簡単な四則演算をするコマンドです。まず、普通に「bc」を使ってみましょう。以下のコマンド10を打ってみてください（うまくいかない場合は、bcコマンドがインストールされていない可能性があります。その場合、UbuntuやRaspberry Piなら、ネットにつないで

```
$ sudo apt-get install bc
```

パスワードを聞かれたら、素直に打って大丈夫です

というコマンドを実行すればインストールできます。)

コマンド10　$ bc

```
bc 1.06.95
Copyright 1991-1994, 1997, 1998, 2000, 2004, 2006 Free Software Foundation, Inc.
This is free software with ABSOLUTELY NO WARRANTY.
For details type `warranty'.
```

画面がクリアされ、バージョン情報や著作権情報などが表示されます

```
2+3
```

このように打って、[Enter]キーを押す

```
5
```

```
quit
```

このように打って、[Enter]キーを押す

このように、bcコマンドの中で、「2+3」という計算式をキーボードから入れたら「5」という答えが返ってきました。キーボードで「quit」と打って［Enter］キーを押すと「bc」は終了し、シェルのプロンプトに戻りました。簡単ですね。

このように、bcコマンドは、計算式を入力として与えられると、それらの式をもとに計算して結果の値を出力するの

です。ここまでは普通の使い方です。

入力リダイレクトでは、bcコマンドに計算式を入力することを、キーボードから直接おこなうのではなく、ファイルからおこなうのです。まずそのファイルを作りましょう。そのために、以下のコマンドを打ってください。

コマンド11 `$ echo 2+3 > input`

ここでは、先ほど学んだechoコマンドと出力リダイレクトを利用して、「2+3」という計算式の入ったテキストファイルを作っています。その行き先は、「input」という名の新しいファイルです。

このコマンドで、「input」というテキストファイルができ、その中には「2+3」という式が記載されているはずです。一応、ちゃんとできたか、catコマンドを使って中身を確認しましょう。

コマンド12 `$ cat input`

```
2+3
```

うまくできていますね。これで準備が整いました。

ここからが入力リダイレクトの本番です。この「input」というファイルを、bcコマンドに「渡す」のです。「input」というファイルには「2+3」という計算式が書かれていますが、それをbcコマンドに読ませて、その計算式を実行させるのです。それには次のコマンドを打ってください。

コマンド13
```
$ bc < input
```

```
5
```

いかがですか？　コマンド13は、「2+3」という計算式を処理して、「5」という答えを出してくれました。

質問　コマンド13は、

```
$ input > bc
```

としてもいいですか？　そのほうがなんとなくわかりやすい気がしますので……。

答　いえ、ダメです。実際にやってみてください。うまくいかないでしょう。なぜかというと、シェルでは、最初にコマンドの名前を打たねばならないのです。今の場合はbcコマンドを使うので、「bc」が最初に来なければダメなのです。「input > bc」としてしまうと、シェルは、まず「input」というのがコマンドの名前であると解釈し、そのようなコマンドを探しに行ってしまうのです。そしてもし仮にそういうコマンドがあったなら、そのコマンドの出力を、「bc」という名前のファイルに書き出そうとするでしょう。

コマンド13は、(「bc」という）コマンドに、(「input」という）ファイルから情報（「2+3」という計算式）を渡し（入力し)、コマンドはそれを処理して結果を画面に出力したのです。コマンド13の「<」という記号が、まるで矢印の頭部のように、ファイルからコマンドへと情報が流れていく様

子を表すのです。このようにして、コマンドに対して情報を、キーボードからではなく、ファイルから渡す（入力する）方法を「**入力リダイレクト**」と呼びます。

出力リダイレクトと入力リダイレクトをあわせて、「**リダイレクト**」と呼びます。

質問 **要するに、リダイレクトって、ファイルを相手にした入出力ってことですか？**

答 そう言っても間違いではありません。

質問 **なんでいちいちファイルを相手にするのですか？「入力はキーボード、出力は画面」でいいじゃないですか？**

答 そこをあえて抽象化し、切り替え可能になっているのが、標準入出力の素晴らしいところなのです。たとえば、同じようなコマンドやソフトを同じようなやり方で何回も使うような場合は、毎回キーボードで同じことを入力するよりも、入力する情報をファイルにまとめておいて、それをリダイレクトで流し込むほうが楽だしミスが起こりにくいのです。

質問 **でもさすがに「出力は画面」でいいじゃないですか？**

答 分量が少なければそれでもいいですが、多くなると、画面への出力は流れ去ってしまいます。記録として残しておいてあとで眺めたり再利用するということが難しいのです。そういうときは、出力先をファイルにしてしまうほうが便利なのです。

質問 画面に出た内容をマウスで選んでコピペすればいいんじゃないですか？

答 分量によりますね。画面100枚分も流れてしまったらさすがに最初まで戻れませんし。それにコピペの手順で操作ミス（選択漏れ）が起きるかもしれません。そもそもマウスの付いていない環境（そういうのもあるのです！）なら、コピペは無理です。

質問 なるほど。でもファイル以外のものを相手にした入出力はどうするんですか？

答 前章の最後に、Unixはすべてのデバイスをファイルとして表現する、と述べたのを覚えていますか？　ということは、ファイルを相手にした入出力ができれば、すべてのデバイスを相手に入出力ができるのです。プリンタや記憶装置もファイルとして認識しますので、コマンドの出力を直接それらの機器に渡すことができるのです。

質問 うーん、なんだか抽象的すぎて、イメージが湧きません。

答 Unixのそのような抽象性は、Unixの難しさでもありますが、魅力でもあるのです。抽象的なものは、一見、わかりにくいものですが、その一方で、適用範囲が広くなり、使用法に統一感が出てきて、シンプルに楽に使えるのです。そのありがたさは、Unixを使っているうちに、徐々に染みこむようにわかってくるのです。あなたもそのうちにそうなるでしょうし、そうなったら、「Unixを作った人は情報処理というものを深く理解していたのだなあ」と思うでしょう。

パイプで出力と入力をつなげてしまう！

ここまで、ファイルを相手にした入出力（リダイレクト）を学びました。今度は、コマンド（ソフトウェア）を相手にした入出力を学びましょう。すなわち、コマンドの出力を、画面やファイルを経由せずに、直接的に他のコマンドの入力にしてしまうというテクニックです。たとえば、以下を実行してみましょう。

コマンド14

```
$ echo 2+3 | bc
```

|という記号は、キーボード右上あたりにあります

```
5
```

いかがですか？　本来は「echo 2+3」というコマンドは、「2+3」という文字列を画面に出します。しかし、そのコマンドに続いて、「| bc」とすると、「echo 2+3」の結果、すなわち「2+3」という文字列は画面に表示されず、その代わりに「bc」というコマンドに渡されます。そしてbcコマンドはそれを受け取り、計算をおこなって結果を（今度こそは画面に）出力したのです。このように、「|」という記号を挟んで複数のコマンドを連結すれば、「|」の直前のコマンドが出す出力を、「|」の直後のコマンドの入力にするということができるのです。このような機能のことや、特にそれを実現する「|」という記号のことを、「**パイプ**」と呼ぶのです。

もう少しパイプの使用例を示します。皆さんは「ls」というコマンド（ディレクトリの中身を表示するコマンド）にだいぶ慣れてきましたね。「-l」というオプションを付ける

と、詳しい情報になりました。あのコマンドは便利ですが、ディレクトリの中身がたくさんあるときには問題があります。たとえば、「/usr/bin」というディレクトリには、膨大な数のファイルがありますが、普通、以下のコマンドを打つと……

コマンド15　`$ ls -l /usr/bin`

```
合計 128740
lrwxrwxrwx 1 root root        8  7月  5 12:31 2to3 -> 2to3-2.7
-rwxr-xr-x 1 root root       96  4月 18 02:15 2to3-2.7
-rwxr-xr-x 1 root root       96  3月 31 20:49 2to3-3.5
-rwxr-xr-x 1 root root    10392  1月 31 08:14 411toppm
lrwxrwxrwx 1 root root       11  7月  5 12:31 GET -> lwp-request
lrwxrwxrwx 1 root root       11  7月  5 12:31 HEAD -> lwp-request
lrwxrwxrwx 1 root root       11  7月  5 12:31 POST -> lwp-request
lrwxrwxrwx 1 root root        4  7月  5 12:31 X -> Xorg
lrwxrwxrwx 1 root root        1  7月  5 12:31 X11 -> .
-rwxr-xr-x 1 root root      274  4月  7 18:24 Xorg
-rwxr-xr-x 1 root root    51920  2月 18 22:37 [
-rwxr-xr-x 1 root root    19208  4月 15 09:06 a11y-profile-manager-indicator
-rwxr-xr-x 1 root root    22696  4月 13 11:23 aa-enabled
-rwxr-xr-x 1 root root    19064  4月 15 09:04 aconnect
-rwxr-xr-x 1 root root    15072  4月  9 07:36 acpi_listen
-rwxr-xr-x 1 root root   194288  3月  2 20:40 activity-log-manager
-rwxr-xr-x 1 root root     6356  3月 22 16:57 add-apt-repository
-rwxr-xr-x 1 root root    18888  4月 14 01:51 addpart
```

たくさんのファイルが流れていく

というふうに、最初のほうは流れて消えていってしまい、最後の一部しか残りません（あなたの環境では上の表示とは違ったファイルが表示されるかもしれませんが、気にしないでOKです）。もし、ターミナルのウィンドウの右端に、画面をスクロールするボタンが付いていれば、それをマウスで掴んで上げ下げすることで、多少は表示を遡って見ることもできます。でも、なにぶんファイルの数が膨大すぎて、ほんとの最初のほうまで遡るのは多分無理です。困りましたね。そういうときは、こうするのです。

コマンド16　$ ls -l /usr/bin | **less**

```
合計 128740
lrwxrwxrwx 1 root root         8  7月   5 12:31 2to3 -> 2to3-2.7
-rwxr-xr-x 1 root root        96  4月  18 02:15 2to3-2.7
-rwxr-xr-x 1 root root        96  3月  31 20:49 2to3-3.5
-rwxr-xr-x 1 root root     10392  1月  31 08:14 411toppm
lrwxrwxrwx 1 root root        11  7月   5 12:31 GET -> lwp-request
lrwxrwxrwx 1 root root        11  7月   5 12:31 HEAD -> lwp-request
lrwxrwxrwx 1 root root        11  7月   5 12:31 POST -> lwp-request
lrwxrwxrwx 1 root root         4  7月   5 12:31 X -> Xorg
lrwxrwxrwx 1 root root         1  7月   5 12:31 X11 -> .
-rwxr-xr-x 1 root root       274  4月   7 18:24 Xorg
-rwxr-xr-x 1 root root     51920  2月  18 22:37 [
-rwxr-xr-x 1 root root     19208  4月  15 09:06 a11y-profile-manager-indicator
-rwxr-xr-x 1 root root     22696  4月  13 11:23 aa-enabled
-rwxr-xr-x 1 root root     19064  4月  15 09:04 aconnect
-rwxr-xr-x 1 root root     15072  4月   9 07:36 acpi_listen
-rwxr-xr-x 1 root root    194288  3月   2 20:40 activity-log-manager
-rwxr-xr-x 1 root root      6356  3月  22 16:57 add-apt-repository
-rwxr-xr-x 1 root root     18888  4月  14 01:51 addpart
lrwxrwxrwx 1 root root        26  7月   5 12:31 addr2line -> x86_64-linux-gnu-ad
dr2line
-rwxr-xr-x 1 root root     35560  4月  15 09:04 alsabat
-rwxr-xr-x 1 root root     73224  4月  15 09:04 alsaloop
:
```

ディレクトリやファイルのリストが１ページごとに表示される

いかがですか？　これはコマンド15の後ろに、パイプを置いて、「less」というコマンドをつなげただけです。スペースキーを押すと画面１枚分（１ページ分）だけ進んで、次の内容が表示されます。［Enter］キーを押すと、１行ずつ進みます。［↑］［↓］（カーソルキー）や、［PageUp］キー、［PageDown］キーなども押してみてください。ページを自由に行き来できますね。やめたいときは、［q］キーを打ってください。

この「less」というコマンドは、テキストデータを入力されると、それを画面の縦の長さに応じて１ページずつ表示し、適宜、行き来できるようにするコマンドなのです。コマンド16のような「パイプでつないでless」は、Linuxの操作でとてもよく使うテクニックです。

それにしても、「/usr/bin」というディレクトリには、たくさんファイルがありますね。いくつあるのでしょう？　先ほどのコマンド16で表示しながら1つずつ数えてもよいのですが、面倒くさいので、コンピュータに数えさせましょう！　そのためには、「less」のことは忘れて、いったんコマンド15に戻って考えます。コマンド15の出力は、テキストデータで、1行につき1つのファイルに関する情報が載っています。そこで、「テキストデータの行数を数える」コマンドを、コマンド15のあとにパイプでつなげればよいのです。具体的には、こうするのです。

コマンド17　`$ ls -l /usr/bin | wc`

コマンド15の右端に
| wc と付け加える

```
    1710    16045   108361
```

これらの数値は、お使いの環境によって違います

いかがですか？　「**wc**」という新しいコマンドが出てきましたね。これは、word countの略で、テキストデータの行数・語数・文字数を数えるコマンドです。実際、3つの数字が表示されましたが、左端が行数、真ん中が語（スペースやタブ、改行などで挟まれた文字の固まり）の数、右端が文字数です。今、我々がほしいのは行数ですから、左端の数字だけに注目しましょう。なんと、1710個もありました！　これは私の環境での値であり、あなたの環境では違う数字になるかもしれませんが、とにかくたくさんですね！

質問 パイプって必要なんですか？　たとえば、1つのコマンドの結果を出力リダイレクトでファイルに書き出し、そのファイルを入力リダイレクトで次のコマンドに渡せば、パイプは不要なのでは？

答 確かに、それでも同じ結果になりますよね。そのような用途で作られるファイルは「**中間ファイル**」と呼ばれます。中間ファイルは、処理が正しくおこなわれているかチェックしたり記録したりするのに有用です。しかし、ファイルを作るときはハードディスクなどにアクセスする必要があり、そこで時間を食います。それを保存するハードディスクの空き容量も必要です。ところが、中間ファイルを作らずにパイプを使えば、ハードディスクへのアクセスを省略するので、**高速化**できますし、**ハードディスクに余裕がなくてもOK**です。また、中間ファイルを作るやり方だと、前のコマンドが完了して中間ファイルが完成しなければ次のコマンドが動き出すことができませんが、パイプで複数のコマンドをつないで走らせる場合は、そのような制限はありません。前のコマンドの出力を後ろのコマンドの入力が待ち構えていて、少しでもデータが流れてきたら、後ろのコマンドは動き始めるのです。これはUnixの**マルチタスクという機能**（複数の仕事を同時並行でおこなう機能）を活用する賢い仕組みであり、**全体の処理を高速化する**ことにつながるのです。ですから、Unixに慣れた人は、できるだけ中間ファイルを作らないように心がけ、パイプを活用するのです。

標準入出力

リダイレクトやパイプで切り替えられるような入出力のことを「**標準入出力**」と呼びます。標準入出力のうち、入力の部分を「**標準入力**」と呼び、出力の部分を「**標準出力**」と呼びます（他に「標準エラー出力」というのもありますが、今は気にしないで構いません）。

質問 なんか地味というか、細かくて基本的な話が続くので、ちょっと退屈してきました。こういうのを覚えないとUnixとかLinuxって使えないのですか？

答 わかります。こういう細かいことが続くと、この先も果てしない気がしてしまいますよね。でも、今学んでいることは、Unixの根幹をなす仕組みというか概念です。それはどのようなUnixにも共通するものです。ですから、Linuxが入っているコンピュータならば、それがワンボードの小さな組み込みコンピュータであれ、スマホ、パソコン、あるいはスパコンであれ、ほぼそっくりそのまま使えるのです（ただし、bcコマンドなど、いくつかのコマンドは、入っていないこともあるかもしれませんが）。それって凄くないですか？

質問 WindowsやMacは、簡単に凄いことができますが、Linuxはできないんですか？

答 そういう「初めて触れた瞬間から簡単に凄いことができる」というようなものも、Linuxにはありますよ。実際、そういうのを前面に出した入門書もあります。でもそういうものに関する知識は、ディストリビューションによって違うし、時と共にどんどん変わっていくので、結局は汎用性に乏しいのです（意味がないとは言いません）。本書の目的とはちょっと違うのです。

すべてのディレクトリとファイルを数えてみよう！

さて、ここまで学んだコマンドを使って、ちょっと遊んでみましょう。先ほどは、「/usr/bin」の中のディレクトリとファイルの数を数えましたが、今度は、あなたのLinuxコンピュータの中のすべてのディレクトリとファイルがいくつあるのか、数えてみましょう！　どのディレクトリやファイルも、ルートディレクトリの配下に入れ子状に存在しますので、まずルートディレクトリの中身を見てみましょう。そのために使うのはおなじみlsコマンドです。ルートディレクトリは「/」という記号で表されるのでしたね。それでは、以下のコマンドを打ってみましょう。

コマンド18
```
$ ls -l /
```

```
合計 100
drwxr-xr-x   2 root root  4096  7月   5 12:49 bin
drwxr-xr-x   3 root root  4096  7月   5 12:50 boot
drwxrwxr-x   2 root root  4096  7月   5 12:44 cdrom
drwxr-xr-x  20 root root  4480  7月  20 10:29 dev
drwxr-xr-x 129 root root 12288  7月   5 12:50 etc
drwxr-xr-x   3 root root  4096  7月   5 12:45 home
lrwxrwxrwx   1 root root    32  7月   5 12:47 initrd.img -> boot/initrd.img-4.4.0
-21-generic
drwxr-xr-x  22 root root  4096  7月   5 12:49 lib
drwxr-xr-x   2 root root  4096  4月  26 10:11 lib64
drwx------   2 root root 16384  7月   5 12:28 lost+found
drwxr-xr-x   3 root root  4096  7月  15 11:38 media
drwxr-xr-x   2 root root  4096  4月  26 10:11 mnt
drwxr-xr-x   2 root root  4096  4月  26 10:11 opt
dr-xr-xr-x 183 root root     0  7月  20 10:29 proc
```

以下、略。すぐ終わる

ただ、残念ながら、ここで表示されるのは、「/（ルートディレクトリ）」の直下にあるものだけです。我々は、さらにその下、またさらにその下、というふうに入れ子になったディレクトリやファイルも調べたいのです。そのためには、コマンド18に「-R」というオプションを付けるのです。

コマンド19　`$ ls -l -R /`

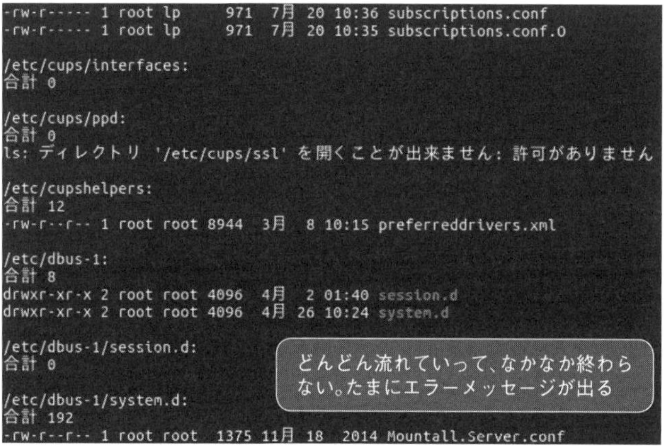

```
-rw-r----- 1 root lp     971  7月 20 10:36 subscriptions.conf
-rw-r----- 1 root lp     971  7月 20 10:35 subscriptions.conf.O

/etc/cups/interfaces:
合計 0

/etc/cups/ppd:
合計 0
ls: ディレクトリ '/etc/cups/ssl' を開くことが出来ません: 許可がありません

/etc/cupshelpers:
合計 12
-rw-r--r-- 1 root root 8944  3月  8 10:15 preferreddrivers.xml

/etc/dbus-1:
合計 8
drwxr-xr-x 2 root root 4096  4月  2 01:40 session.d
drwxr-xr-x 2 root root 4096  4月 26 10:24 system.d

/etc/dbus-1/session.d:
合計 0

/etc/dbus-1/system.d:
合計 192
-rw-r--r-- 1 root root  1375 11月 18  2014 Mountall.Server.conf
```

どんどん流れていって、なかなか終わらない。たまにエラーメッセージが出る

どうですか？　一見、コマンド18と似た結果になりますが、コマンド18のようにすぐには終わらず、たくさんの表示がどんどん画面に流れていきますね。たまにエラーメッセージも混じって出てきます。以前も述べましたが、途中で止めたい！　というときは、例の［CTRL］+［c］です（［CTRL］キーを押しながら［c］キーを押す）。

このコマンド19は、「/（ルートディレクトリ）」の直下のディレクトリやファイルを表示するだけでなく、入れ子になっているディレクトリをどんどん掘り出して表示します。つまり、あなたのコンピュータの中にある、ありとあらゆるディレクトリとファイルを表示するのです。ただし、その中には、あなたが見てはいけない（見る許可がない）ものが含まれており、それらについては「見る許可がありません」という趣旨のエラーメッセージが出るわけです。とりあえず今はそういう「秘密のもの」は気にしないでおきましょう。

では、いよいよ、それらがいくつあるのか、数えてみましょう。コマンド17（145ページ）のように、パイプで「wc」をつなげばよいのです。ただし、「ls」の「-l」というオプション（詳しく表示せよという意味）は、もはや必要ありませんので、取ってしまいましょう（残しておいてもよいのですが、そうすると実行に余計な時間がかかります）。すなわち、次のようなコマンドを打ってください。

コマンド20 `$ ls -R / | wc`

コマンド19からスペースと「-l」を取って、「 | wc」を付け加える

Rは大文字です

```
ls: ディレクトリ '/proc/855/task/855/fdinfo' を開くことが出来ません: 許可がありません
ls: ディレクトリ '/proc/855/t
ん
ls: ディレクトリ '/proc/9/fd' を開くことが出来ません: 許可がありません
ls: ディレクトリ '/proc/9/fdinfo' を開くことが出来ません: 許可がありません
ls: ディレクトリ '/proc/9/map_files' を開くことが出来ません: 許可がありません
ls: ディレクトリ '/proc/9/ns' を開くことが出来ません: 許可がありません
ls:                       fd' を開くことが出来ません: 許可がありません
                          を開くことが出来ません: 許可がありませ
 : ディレクトリ '/var/tmp/systemd-pr
t-daemon.service-ohZQEF' を開くことが出来ま
ls: ディレクトリ '/var/tmp/systemd-private-85297be398464858bd7f1a1f79410470-systemd-hostnamed.service-GKUmL9' を開くことが出来ません: 許可がありません
ls: ディレクトリ '/var/tmp/systemd-private-85297be398464858bd7f1a1f79410470-systemd-timesyncd.service-nJlUoH' を開くことが出来ません: 許可がありません
 337870  314922 5314017
```

たくさんのエラーメッセージ。時間がかかる

これらの数値は、お使いの環境によって違います

途中でエラーメッセージが出て停止したような気がするかもしれませんが気にしないで待ちましょう。そのうち、最後に3つの数値が出てきます。ここから先はコマンド17のときと同じ考え方です。3つの数値のうち、真ん中のものが「ディレクトリやファイルの数」です。前ページに示したのは私の場合ですが、なんと、約30万個（*）ものディレクトリやファイルがありました！

まとめ　標準入出力は働き者たちを束ねるベルトコンベア

標準入出力について、なんとなくわかっていただけたでしょうか？　標準入出力は、普通はキーボードや画面を介した入出力ですが、「>」や「<」という記号を使うことで、ファイルを相手にした入出力に切り替えることができますし、「|（パイプ）」を使えば、あるコマンドからの出力をそのまま別のコマンドに直接、渡すことができます。ここでは示しませんでしたが、パイプを使って、3つ以上のコマンドをつなぐこともできます。すなわち、「コマンドA」「コマンドB」「コマンドC」……があったら、

```
$ コマンドA | コマンドB | コマンドC | ……
```

というふうにできるのです。こういうのを「**パイプライン**」と呼びます。まあなんとなくわかる呼び方ではありますが、「パイプライン」という語から、あの「石油や天然ガスを送る管」を連想するのは、ちょっとしっくりきません。むしろ私は、工場のベルトコンベアを連想するほうが近いと思いま

*本当はこれよりも若干少ない数ですが、誤差としましょう。

す。すなわち、標準入出力は、まるでデータを流すベルトコンベアのような存在であり、各コマンドは、ベルトコンベアに張り付く工員さんのように、流れてくるデータ（情報）を加工して次のコマンドに流すのです。工場では、個々の工員さんは、１つの小さな作業しか受け持ちませんが、その作業については、高いプロ意識を持って、しっかりとこなしますよね。そのような工員さんをたくさん集め、１本のベルトコンベアのラインで束ねることで、複雑な工程を役割分担して、効率よくこなすことができるのです。それと同様に、Unixでは、「**１つの小さなことをしっかりやる**」という思想で作られた小さなコマンド（プログラム）たちがたくさんいて、**それらを標準入出力で束ねる**ことで、複雑で大きな処理を、柔軟に、分散しておこなうことができるのです。

チャレンジ！

本章で学んだ知識を応用し、理解を深める演習問題です。解けなくても、これ以降の内容を読むのに支障はありません。

演習6-1

第５章のコマンド03で出てきた「od -t d1」というコマンドは、バイナリデータを数値で表示するコマンドです。

(1) 以下のコマンドを順に打って、結果を観察してください。

```
$ echo abc
$ echo abc | od -t d1
```

(2) アルファベット小文字の「a」の文字コードは97です。では

「c」の文字コードはいくつでしょう？

(3) ２番目のコマンドの結果には、末尾に10という文字コードが現れます。それは何を意味するでしょう？（ネットで検索してみましょう）

(4) 以下のバイナリデータはどういう単語の文字コードでしょう？（ちょっと難しい！）

108 105 110 117 120 10

演習6-2

「cat」というコマンドは、ファイルの中身を表示するときに使いましたね。しかし「cat」には別の使い方もあります。以下のコマンドを順に打って、結果を観察してください。

```
$ echo linux
$ echo linux | cat
$ echo linux | cat | cat
```

【コメント】こういうふうに使われるとき、「cat」は標準入力から得たものをそのまま標準出力に流し出す働きをします。そんなの何の役にも立ちそうにありませんね。でも、これが役に立つときもあるのです。

第7章 ユーザーと管理者

Unixは、WindowsやMacと同様に、1台のコンピュータを複数の人が使えるようになっています。そういう設計思想を、マルチユーザーと呼びます。Unixのマルチユーザーシステムでは、複数のユーザーが**同時に**コンピュータを使うことができます。本章ではマルチユーザーの仕組みを学びましょう。

質問 何を言ってるんですか、複数のユーザーが1台のコンピュータを同時に使うなんて無理だし無意味でしょう。キーボードもマウスもそれぞれ1個しか付いていないんだから、一度にそれらを操作する人は1人だけでしょ？

答 いえ、無理でも無意味でもありません。Unixコンピュータは、ネットワークを介して、他のコンピュータから入り込んで使うことができます。また、あとで説明しますが、Unixのコマンドは「バックグラウンド」というやり方で、ユーザーが直接操作していなくても稼働します。それらのような方法を使えば、コンピュータの前に座っていない人達も、そのコンピュータを使うことができるのです。

質問 私のパソコンは私以外の人が使うことはありませんから、この話は関係ないのでは？

答 いえ、そうでもありません。実際は１人のユーザーしか使わないコンピュータでも、便宜上、複数のユーザーが使うということにして管理することが必要だし、それが合理的で便利なことがあるのです。本章は、あなたのようなユーザーであっても、これを理解しないとUnixは理解できない、というくらいに大切な話です。

アカウントがなければ使わせてもらえない

Linuxを起動すると、ユーザー名（ログイン名）とパスワードを入れるように促されますよね。つまり、ユーザー名とパスワードを持っている人しか、Linuxを使うことはできません（原則的には）。そのように、ユーザー名とパスワードで管理される、コンピュータの使用権を、「**アカウント**」と呼びます。

マルチユーザーのシステムでは、１つのコンピュータの上に、複数のアカウントが存在できます。複数のユーザーがそれぞれ互いに違うアカウントを持つことによって、１つのコンピュータを複数のユーザーで使うのが「マルチユーザー」の基本的な考え方です。

英語の「アカウント」は本来は銀行などの「口座」を意味します。昔は、銀行で１人が複数の口座を開くことができました。しかし最近は犯罪防止のために、そのようなことは難しくなっています。ところがUnixは「昔の銀行」のように、１人が複数のアカウントを持つことができます。ただ、それは混乱の元ですので、特別な理由がない限りは、１人に対して１つだけのアカウントを作っておくのがよいでしょう。

質問 1人のユーザーが複数のアカウントを持つことはあり得るとのことですが、複数のユーザーが1つの（同じ）アカウントを使うというのもあり得るのですか？

答 技術的には簡単な話です。1つのアカウントのユーザー名とパスワードを複数の仲間内で教えあっておけばいいだけですから。でも、**それはタブー**です。できる限り避けましょう。1つのコンピュータを多くの人が平和に共有するには、各ユーザーの権限を明確にし、責任をはっきりさせる必要があるのです。たとえば、ユーザーの誰かが巨大なデータファイルを作ったために、ハードディスクの空き容量が少なくなってしまったとしましょう。他の人には迷惑ですよね。そういうとき、管理者は、そのファイルの所有者を調べ、その人に警告を出します。ところが、その「所有者」の実体が、Aさん・Bさん・Cさんの3人が一緒に使っているアカウントだとしたら、話が面倒になりますね。当事者意識が薄れて、みんなが「他の誰かがなんとかするだろう」と考え、無責任な態度をとるかもしれません。そんなとき、管理者は面倒見きれませんよね。他にも、セキュリティ上の問題などもありますので、「アカウントの共有や貸し借りはタブー」なのです。

ユーザーを識別するのが ユーザー名とユーザーID

1つのアカウントには1つの「**ユーザー名**」が付きます。ユーザー名には重複は許されません。すなわち、1つのUnixコンピュータの上に、同じユーザー名を持つアカウントが複数存在するということは、設計上、できません。したがって、多くの人が共用する可能性のあるUnixコンピュータでは、同じユーザー名をめぐって混乱が起きないように配慮するとよいでしょう。たとえば、tanakaとかkazuとかhiroとかyumiのように、よくある名前をそのままユーザー名にしていると、同じ名前の人があとからメンバーに加わったときに気まずいし、紛らわしいです。

さて、1つのユーザー名には、1つの「**ユーザーID**」という数値が割り当てられます。“ID”とは、よく「IDカード」などと言うときのIDと同じ意味で、identificationの略です。ユーザー名とユーザーIDは、以下の「id」というコマンドで確認できます。

コマンド01
```
$ id
```

```
uid=1000(jigoro) gid=1000(jigoro) groups=1000(jigoro),4(adm),
30(dip),46(plugdev),113(lpadmin),128(sambashare)
```

この表示の左端に現れた「uid=」の次にくる数値がユーザーIDです。その次のカッコ内がユーザー名です。上の例では、ユーザーIDは「1000」、ユーザー名は「jigoro」です。もちろん、あなたの場合は、これと違った結果になるでしょうが、要点は同じです。

ユーザー名と同様に、ユーザーIDも、同一システム上で重複は許されません。

質問　ユーザー名はわかりますが、ユーザーIDというのがしっくりきません。ユーザーは、ユーザー名で識別すれば

十分ですよね。なのに、ユーザー名だけでなく、ユーザーIDという数値も必要なのはなぜですか？

答 ユーザー名は文字の羅列、ユーザーIDは数値です。コンピュータは数値を扱うのが得意ですから、Unixの中では、ユーザーの管理は、むしろユーザーIDでやるのが普通なのです。でも数値だけだと人間にはわかりづらいので、「その数値が誰を指しているか」をわかりやすくするために、ユーザー名というものをユーザーIDに対応付けて持っておくのです。インターネットの仕組みを勉強したことのある人なら、この事情は、ちょうど「ホスト名」と「IPアドレス」の関係に似ていることに気づくでしょう。

ユーザーの集まりは「グループ」

ところで、コマンド01の結果で、「uid」の次に、「gid」というのが表示されました。この数値は**グループID**というものを表し、続くカッコ内はグループ名というものを表します。**グループ**というのは、ユーザーの集まりです。システムのリソースを、特定の人達の集まり、すなわち「グループ」の単位で共有・管理したいときに、このグループという概念を使います。1人のユーザーは、複数のグループに属することができますが、必ず「本命」のグループを1つだけ決めねばなりません。そのようなグループをそのユーザーの「**実効グループ**」と呼びます。多くの場合、新規ユーザーには、その人だけからなるグループが自動的に作られ、それがそのユーザーの実効グループになります。それを念頭に置いて、コマンド01の結果を再度、見てみましょう。

```
uid=1000(jigoro) gid=1000(jigoro) groups=1000(jigoro),4(adm),
30(dip),46(plugdev),113(lpadmin),128(sambashare)
```

この中の、「uid=1000(jigoro)」と「gid=1000(jigoro)」「groups=1000(jigoro)」は、一見、よく似た内容ですが、意味は互いに違います。最初の「uid=」の部分は、このユーザーのユーザーIDとユーザー名です。2番目の「gid=」の部分はこのユーザーの実効グループのグループIDとグループ名です。最後の「groups=」の部分は、このユーザーが属するすべてのグループが列挙される部分です。この例では、jigoroは「4（adm）」「30（dip）」……などのグループにも所属しているようですね。

質問 なぜグループなんて仕組みが必要なのですか？

答 たとえば大学に1つの大きなコンピュータがあり、それを教員達と学生達が使うとしましょう。教員には、学生には見せたくない情報ってありますよね（実施前のテスト問題とか！）。そういうものを教員の間だけで共有したい場合、“teachers” などというグループを作り、教員だけがそのグループに属するようにして、そのファイルを “teachers”グループだけにアクセス可能にする、ということができるのです。この仕組みは、あとで「パーミッション」という概念として学びます。

アカウント情報を統括する /etc/passwdファイル

以上のように、各ユーザーは、ユーザー名、ユーザーID、そしてグループという情報で特徴付けられています。そのような情報は、Linuxでは、「**/etc/passwd**」というテキストファイルで管理されるのが普通です。それをちょっと覗いてみましょうか。以下のコマンドを打ってみてください。

コマンド02　`$ cat /etc/passwd`

```
root:x:0:0:root:/root:/bin/bash
daemon:x:1:1:daemon:/usr/sbin:/usr/sbin/nologin
bin:x:2:2:bin:/bin:/usr/sbin/nologin
sys:x:3:3:sys:/dev:/usr/sbin/nologin
sync:x:4:65534:sync:/bin:/bin/sync
hplip:x:115:7:HPLIP system user,,,
kernoops:x:116:65534:Kernel Oops Tracking Daemon,,,:/:/bin/fa
pulse:x:117:124:PulseAudio daemon,,,:/var/run/pulse:/bin/fals
rtkit:x:118:126:RealtimeKit,,,:/proc:/bin/false
saned:x:119:127::/var/lib/saned:/bin/false
usbmux:x:120:46:usbmux daemon,,,:/var/lib/usbmux:/bin/false
jigoro:x:1000:1000:jigoro,,,:/home/jigoro:/bin/bash
```

　システムによっては、もしかすると、こういう内容が表示されず、代わりに「permission denied」というメッセージが出てエラーになるかもしれませんが、そういうときは仕方ありませんので、この部分の再現は諦めて以下の話を読むだけでOKです。

　ここにすべてのユーザーに関する情報が、テキスト形式で詰まっていたのです（以前に、Unixは設定情報をテキストファイルで管理する、と述べましたがこれはその好例です）。あなたは目の前のコンピュータを自分１人しか使っていないと思っていたかもしれませんが、実はあなた自身以外にも、たくさんの「ユーザー」がいることがわかったでしょう。

質問 ちょっと待ってください！　私は私のコンピュータを1人で使っているのです。なのに、なぜ私以外のユーザー名が出てくるのですか？　気持ち悪いです。

答 大丈夫、安心してください。それらはあなたのコンピュータがうまく動くことを助けてくれる、「小人の靴屋」のようなユーザーです。たとえば、

```
root:x:0:0:root:/root:/bin/bash
```

は、後ほど再度説明しますが、システム全体の管理を司るユーザーです。また、

```
daemon:x:1:1:daemon:/usr/sbin:/usr/sbin/nologin
```

は、「サーバー」という特殊なアプリケーションソフトを司るユーザーです。これらは、ユーザーと言っても、特定の人物を意味するわけではありません。Linuxのシステムを安全に効率よく動かすために、システムのインストールの時点から便宜的に設置された存在です。いずれも、気にしないでOKです。

さてコマンド02の結果の最後のあたりに、

```
jigoro:x:1000:1000:jigoro,,,:/home/jigoro:/bin/bash
```

というように、「jigoro」というユーザーに関する情報がありました。これは例ですので、あなたの環境では同様にあなたに関する情報が見つかるでしょう。それを、コマンド01で打ったidコマンドの出力情報と見比べてみてください。よく似ていますね。実は、idコマンドは、この情報を参照して出力していたのです。

質問 ということは、「cat /etc/passwd」をすれば、idコマ

ンドは不要、ということですか？

答 そう思いがちですよね。実は私もidコマンドを使ったことはほとんどありません。でも、「/etc/passwd」は、いつでも誰でもが覗けるとは限りません。次節の「パーミッション」のために、閲覧不可能の場合もあります。そういうとき、特定のユーザー（たとえば自分自身）だけでいいから情報を知りたい、というときはidコマンドは有用でしょう。また、idコマンドはユーザーが属するすべてのグループを表示してくれますが、「/etc/passwd」ファイルには、実効グループしか記録されていません。

パーミッションでアクセス権を管理する

次に、Linuxが、どのようにしてユーザーごとにディレクトリやファイルを管理しているかを学びましょう。そこで最も大切なのは「**パーミッション**」という概念です。それを知るために、次のコマンドを打ってください。

コマンド03
```
$ cd
```

コマンド04
```
$ echo Hello! > output
```

コマンド03は、「ホームディレクトリに戻る」でしたね（「$ cd ~」でもOKです）。コマンド04は、「Hello!」という内容のファイルを「output」という名前で作るものでした。一応確認しておきましょう。

コマンド05　$ cat output

```
Hello!
```

確かに「output」というファイルの中身は「Hello!」ですね。さてここで、今作った「output」というファイルに関する詳しい情報を見てみましょう。それにはls -lコマンドを使うのでしたね。次のように打ってみてください。

コマンド06　$ ls -l output

```
-rw-rw-r-- 1 jigoro jigoro 7  7月 22 12:27 output
```

この表示で、左から数えて3項目めと4項目めに「jigoro」と表示されています（環境によってはちょっと違う表示になるかもしれませんが）。3項目めの「jigoro」は、「output」というファイルの「所有者」のユーザー名を意味します。4項目めは、「output」というファイルの「所有グループ」の名です。このように、Unixでは、**すべてのファイルやディレクトリについて、「所有者」と「所有グループ」がある**のです。

さて、この表示の1項目めの「-rw-rw-r--」という部分に注目しましょう。もしかすると、あなたのコンピュータでは違った表示になっているかもしれませんが、構いません。この部分の意味を調べてみましょう。まず、「-rw-rw-r--」の中の「r」は、「読み込み可能」（readable）という性質を意味します。「r」があるということは、このファイルの内容を見ることができるということです。この「読み込み可能」という性質は、次のコマンドで剝奪できます。やってみましょう。

コマンド07 `$ chmod -r output`

ここで「**chmod**」という新しいコマンドが出てきました。その意味や機能は、おいおい説明していきますので今はスルーして、再度、「output」というファイルの詳細を調べてみましょう。

コマンド08 `$ ls -l output`

```
--w--w---- 1 jigoro jigoro 7  7月 22 12:27 output
```

どうですか？ 「-rw-rw-r--」だったところが、コマンド07を実行したせいで、「--w--w----」に変わってしまいました。「r」がなくなってしまったのです。ということは、このファイルはもはや「読み込み可能」ではない、ということでしょうか？ 試しに、コマンド05でやったように、このファイルの中身をもう一度表示してみましょう。次のように打ってみてください。

コマンド09 `$ cat output`

```
cat: output: 許可がありません
```

なんと、コマンド05では可能だった、「output」というファイルの中身の表示が、コマンド09では不可能になってしまいました。やはり、このファイルは読めなくなってしまったのです。

元に戻す、つまり「読み込み可能」を付与するには、こうします。

コマンド10
```
$ chmod +r output
```

コマンド11
```
$ ls -l output
```

```
-rw-rw-r-- 1 jigoro jigoro 7  7月  22 12:27 output
```

コマンド12
```
$ cat output
```

```
Hello!
```

いかがですか？　コマンド11では無事に「r」が戻り、コマンド12では無事に中身が表示されましたね。

このような仕組みを「パーミッション」と呼びます。英単語のパーミッション（permission）は、「許可」という意味ですね。**それぞれのファイルやディレクトリに対して、どのような操作を許可するかしないかを定めるのがパーミッションです**。パーミッションには、「r」だけでなく、他に、「w」と「x」があります。「w」は「書き込み可能」(writable)、「x」は「実行可能」(executable）です。Unixでは、すべてのファイルやディレクトリについて、それぞれ、何らかのパーミッションが設定されるのです。

「r」「w」「x」のそれぞれのパーミッションを付与したり剥奪したりするには、先ほども使ったように、「**chmod**」というコマンド（change modeの略）を使います。上の例では、読み込みに関するパーミッションを剥奪したり付与したりしてみたわけです。付与するときは「+」、剥奪するときは「-」をつけて、そのあとに、「r」「w」「x」のうちどれかを指定すればOKです。これでコマンド07とコマンド10の意味がわかりましたね！

パーミッションの情報を表示するには、前ページでやったように、ls -lコマンドを使います。その１項めに出てくる、

```
-rw-rw-r--
```

のような部分がパーミッション情報です。この例では、「r」と「w」は表示されていますが「x」は表示されていません。したがって、このファイルは読み込み・書き込みは可能ですが、実行はできません。

でも、なぜ「r」や「w」が「-rw-rw-r--」というふうに何回も出てくるのでしょうか？　実は、

```
-rw-rw-r--
```

のうち最初の「rw-」が所有者（user）に対するパーミッション、真ん中の「rw-」は所有グループ（group）に対するパーミッション、そして右の「r--」はその他のユーザー（other）に対するパーミッションなのです。たとえば、以下のようにやってみてください。

コマンド13
```
$ chmod u+rw output
```

コマンド14
```
$ chmod g-rw output
```

コマンド15
```
$ chmod o-rw output
```

コマンド16
```
$ ls -l output
```

```
-rw------- 1 jigoro jigoro 7  7月  22 12:27 output
```

どうでしょう？　最初の「rw」だけが残り、あとは消えてしまいました。最初の「rw」、すなわち所有者への読み込み・書き込みのパーミッションは、コマンド13で付与されました。一方、グループとその他に対するパーミッションは、コマンド14、15でそれぞれ剝奪されたわけです。その結果、このファイルは、所有者だけは読み込みと書き込みができますが、それ以外の人達には、何もできなくなってしまったわけです。

質問 他人に見られたり書き換えられたりしたら困るファイルには、パーミッションを適切に設定すると便利でしょうね。でも、私のコンピュータは私しか使っていません。そういう場合なら、パーミッションなんて面倒くさいだけで無意

味ではないでしょうか？

答 いえ、そうでもないのです。誰にでも、「これは絶対に書き換えたり消したりしたらダメだ！」というファイルがありますよね。でも、人はミスをする生き物です。操作を間違えたり、勘違いしたりして、大切なファイルを書き換えたり消してしまったりということはあり得ます。それを防ぐために、たとえば、あえて自分に対するwパーミッションを剝奪しておくのです。このように、人間はミスをするという前提に立って、機能をあえて制限する仕組みで危機管理をするのも、Unixの文化の一つです。

質問 **なるほど。書き込みパーミッションについてはわかりました。でも読み込みパーミッションはどうでしょう？　自分のファイルからrパーミッションを剝奪して、自分でも読めなくしてしまう、なんていうことは必要でしょうか？**

答 たとえば、たくさんのファイルが入ったディレクトリを、別のハードディスクやUSBメモリにコピーしたいとき、特定のファイルだけはコピーさせたくない、ということがあります（重要でない割にサイズが大きすぎる、などの理由で）。そういうときは、一時的に、そのファイルの“r”パーミッションを剝奪した上で、ディレクトリごとコピーすればよいのです。“r”パーミッションがなければ読み込みができませんから、当然、コピーもできません。ですから、そのファイルはとばしてコピーがおこなわれるのです。

管理者、またの名はroot

ところで、ユーザーは、自分のファイルや自分のディレクトリを自由にいじることができますが、同じコンピュータにある、他人のファイルやディレクトリ、そしてUnixのシステムの根幹にかかわるファイルやディレクトリとなると、躊躇しますよね。それらを勝手にいじると、システムのトラブルや人間関係のトラブルが起きそうです。悪意がなくても、知らず知らずのうちに、見てはいけないものを見てしまったり、やってはいけないことをやってしまうかもしれません。ですから、ファイルやディレクトリには適切にパーミッションを設定することでアクセス制限をかけることが大切ですし、多くの場合、自動的にそうなっています。

ところが、そのような制限が邪魔になることがあります。それは、システムの一部を変更・修正したり、新規のユーザーを追加したり、もういなくなってしまったユーザーを削除したり、というシステム管理の作業です。そこで、Unixではそのような管理業務に携わるユーザーを１人決めて、その人だけに全権を委任します。それが「**管理者**」です。管理者は、すべてのファイルやディレクトリへのアクセス権を持ちます。

普通、管理者は、**rootというユーザー名**を持ちます。なので管理者のことをrootと呼ぶこともあります。たとえば「このコンピュータのrootは誰ですか？」という質問は、「このコンピュータの管理者は誰ですか？」というのと同じです。そして、管理者（root）以外のユーザーのことを**一般ユーザー**と呼びます。

質問 root って、ルートというのだから、それはルートディレクトリ、つまり「/」のことじゃないんですか？

答 ここ、紛らわしいのですが、Unixで「ルート」とは、2つの意味を持ちます。1つは、今あなたが言ったように、ルートディレクトリのことです。もう1つは、上で述べたように、管理者のユーザー名です。この2つの意味は、語源的には関連しているのでしょうが、そもそも別の概念と思うほうがよいでしょう。「ルート」と言ったときに、どちらを指すかは、文脈で判断できます。

質問 ちょっと待ってください。私のLinuxマシンは私以外の人は使っていません。ですから、管理者がいるとしたら、私以外には考えられませんよね。でも、私のユーザー名は「root」ではないので、私は一般ユーザーです。ということは、私のLinuxマシンには管理者はいないのですか？

答 いえ、あなたのLinuxマシンにも、必ず管理者はいますし、「root」というユーザー名のユーザーもいます。それは、あなた自身なのです……。と言われても混乱してしまいますよね。実は、管理者は、多くの場合、一般ユーザーでもある人が務めるのです。逆に言えば、一般ユーザーのうちの1人が、管理者を兼ねるのです。そのような人は、通常は一般ユーザーとしてコンピュータを使いますが、必要があるときに、そのときだけ一時的に管理者として管理業務をおこなうのです。

質問 なら、「管理者以外のユーザーを一般ユーザーと呼

ぶ」というのは矛盾してませんか？　管理者を務める人が一般ユーザーでもあるのですから。

答 この場合の「ユーザー」は、先述の「アカウント」に対応するものなのです。少し前に、「1人が複数のアカウントを持つことができる」と述べましたね。管理者を務める人物（あなた）は、「root」というユーザー名のアカウントと、一般ユーザーとしてのアカウントを持つのです。その人は、現実世界では1人の人物ですが、Unixの中では2人のユーザーを演じるのです。そしてUnixは、その2人のユーザーを、別々のユーザーとして扱うのです。

質問 なんでそんな二重人格みたいに面倒なことをするのですか？　管理者を務める人は、「root」というユーザー名だけで（管理者としてのアカウント1つだけで）コンピュータを使えばいいじゃないですか。

答 いえ、それは合理的ではありません。安全上、一般ユーザーとしての作業と、管理者としての作業は、明確に切り分ける必要があるのです。というのも、**管理者には非常に強い権限が与えられています**。ですから、1つのコマンドで、システム全体を破壊することもたやすくできるのです。そんな状況では、うかうかと操作ミスなどできませんから、気軽にコンピュータを使えません。人間はミスをする生き物ですから、**必要のないときはそのような強い力は封印しておくべき**なのです。なので、管理者の権限を持つ人も、普段は、管理者としてではなく一般ユーザーとしてコンピュータを使うのです。

さて、rootさんをここで登場させてみましょう。以下のコマンドを打ってみてください。

コマンド17　$ ls -l /

```
合計 104
drwxr-xr-x   2 root root  4096  7月  5 12:49 bin
drwxr-xr-x   3 root root  4096  7月  5 12:50 boot
drwxrwxr-x   2 root root  4096  7月  5 12:44 cdrom
drwxr-xr-x  20 root root  4480  7月 22 14:53 dev
drwxr-xr-x 129 root root 12288  7月  5 12:50 etc
```

（以下、略）

この表示内容を左から見ていくと、3項目めと4項目めに、「root」が出てきます。これが管理者（とそのグループ）なのです。ここで出てきた「bin」や「boot」などのディレクトリは、すべて管理者が所有している、ということがわかりますね。

管理者、すなわち「root」というユーザーの存在は、「/etc/passwd」ファイルでも確認できます（コマンド02で学びましたが「/etc/passwd」にはすべてのユーザーの情報が載っていますから）。以下のコマンドを試してください。

コマンド18　$ cat /etc/passwd

```
root:x:0:0:root:/root:/bin/bash
daemon:x:1:1:daemon:/usr/sbin:/usr/sbin/nologin
bin:x:2:2:bin:/bin:/usr/sbin/nologin
sys:x:3:3:sys:/dev:/usr/sbin/nologin
```

（以下、略）

どうですか？　最初のほうに出てきますね。画面が流れて見えなくなってしまったという場合は、コマンド18をパイプでlessコマンドにつないでください。つまり、「$ cat /etc/passwd | less」とすればOKです。

さて、rootさんは、そのコンピュータのあらゆるリソースに関してあらゆる権限を持ちます。一方、一般ユーザー（root以外のユーザー）には、何かしら、「禁じられたこと」が存在します。それは主に、他のユーザーのプライバシーにかかわることや、システムの根幹にかかわることです。これは、悪意による確信犯的な攻撃を防ぐだけでなく、過誤による深刻なトラブルをも防ぐためです。

したがって、**システムの根幹に何らかの変更を加えるには、rootにお願いする必要があるのです**。たとえば、新たなユーザーを追加したり、パスワードを忘れてしまった人のパスワードをリセットしたり、基本的なソフトのインストールやバージョンアップをしたり、などはrootの仕事です。では具体的には、どういう人がrootになるのでしょうか？

一般的には、そのコンピュータを使うユーザーのうち、知識・技術が十分にあり、かつ、皆から信頼され、そのコンピュータで発生することについて責任をとることができる人がrootを務めます。大学や会社で複数の人が使うコンピュータなら、システム管理専門の職員やそれに準じる人がrootになります。でも、個人で使うコンピュータならば、普通はその個人がrootも務めるしかありません。ですから、もしあなたが、個人のコンピュータを使っているなら、あなたはrootでもあるはずです（先述のように、管理者を務める人は、一般ユーザーとrootという、一人二役を演じるのが普通です)。ちょっと試してみましょうか。以下のコマンドを打ってみてください。

コマンド19　`$ mkdir /test`

```
mkdir: ディレクトリ `/test' を作成できません: 許可がありません
```

エラーが出ましたね。今、あなたはルートディレクトリ(/)にtestという名のディレクトリを作ろうとしたのですが、一般ユーザーにはルートディレクトリには書き込み権限(wパーミッション)がないために、「許可がありません」と言われてしまったのです。ところが、こうするとどうでしょう?

コマンド20　`$ sudo mkdir /test`

コマンド19の前に「sudo」を付ける

もしパスワードを聞かれたら、あなたのパスワードを入れてみてください(聞かれないかもしれません)。すると、エラーメッセージは出ずに、コマンドは終了します。試しに、以下のコマンドを打ってみてください。

コマンド21　`$ ls -l /`

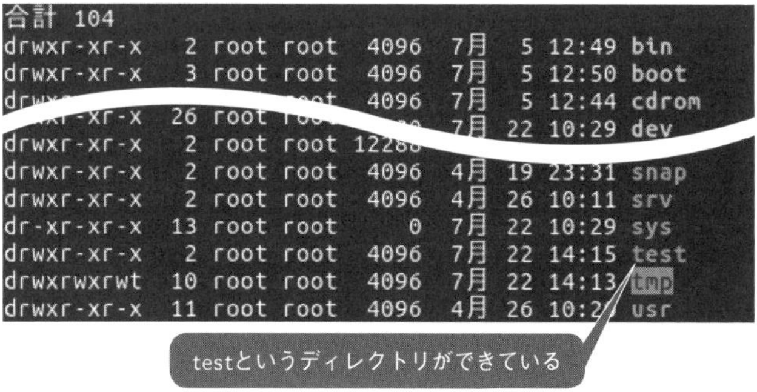

```
合計 104
drwxr-xr-x   2 root root  4096  7月   5 12:49 bin
drwxr-xr-x   3 root root  4096  7月   5 12:50 boot
dr                   oot  4096  7月   5 12:44 cdrom
  xr-xr-x  26 root ro            7月  22 10:29 dev
drwxr-xr-x   2 root root 12288
drwxr-xr-x   2 root root  4096  4月  19 23:31 snap
drwxr-xr-x   2 root root  4096  4月  26 10:11 srv
dr-xr-xr-x  13 root root     0  7月  22 10:29 sys
drwxr-xr-x   2 root root  4096  7月  22 14:15 test
drwxrwxrwt  10 root root  4096  7月  22 14:13 tmp
drwxr-xr-x  11 root root  4096  4月  26 10:2  usr
```

testというディレクトリができている

このように、ずらっと表示される中に、「/test」というディレクトリができているでしょう。これはあなたがコマンド20で作ったディレクトリです。そして、その所有者・所有グループは「root」になっています。

コマンド20は、コマンド19の前に「**sudo**」というコマンドを付けただけですが、それによって、あなたは一時的に、管理者（root）としてコマンドを実行できたのです。rootはあらゆる権限を持ちますので、ルートディレクトリに書き込むことも、当然、できます。ですから、コマンド20によって、「/test」というディレクトリを作ることができたわけです。ちなみに、もしあなたが管理者でないならば、コマンド20は、うまくいきません。また、「sudo」という仕組みではなく、別の方法でrootになる方法もあります。それは「su」というコマンドです。興味のある人は、ネットなどで調べてみてください。

質問 **「sudo」って、どういう言葉の略ですか？**

答 管理者のことを「スーパーユーザー」と言うことがあ

ります。スーパーユーザー（super user）が何かを実行（do）するという意味で、「sudo」なのだ！　……と言いたいところですが、これは実は、switch user and do（ユーザーを切り替えて実行）の略だそうです。豆知識です。

ところで、第6章のコマンド19（149ページ）で、以下のコマンドを走らせました。

```
$ ls -l -R /
```

すると、たくさんエラーが出ましたね。それは、あなたに読み込みパーミッションが与えられていないディレクトリを読もうとしたからです。しかし、管理者なら、そういう制限はないはずですね。やってみましょう！

コマンド22
```
$ sudo ls -l -R /
```

もし、パスワードの入力を求められたら、入力してください。

いかがですか？　エラーは出ずに、すべてのディレクトリとファイルが表示されるはずです。

管理者の大事な仕事、アップデートとインストール

管理者の大事な仕事は、システムのアップデート、つまり更新作業です。Linuxに限らず、ソフトウェアの世界は日進

月歩で、日々、それまでは知られていなかった不具合が発見されて修正され、更新されます。そういう更新の成果を、いち早く、あなたのコンピュータにも反映したいものです。それが**アップデート**です。アップデートをきちんとおこなわないと、最新機能を使えないだけでなく、放置されている不具合のためにトラブルが起きたり、外部から攻撃されたりする可能性があります。

アップデートは、通常は、インターネットを介して、それぞれのディストリビューションの「**リポジトリ**」というサーバーに接続し、そこから最新のパッケージをダウンロードします。多くのディストリビューションは、自動的にリポジトリに接続し、ユーザーに更新を促すような仕組みを持っています（スマホでもそういうの、ありますよね）。もちろん、それに頼ってもよいのですが、ここでは、ユーザーが自発的にリポジトリにアクセスし、システムを更新してみましょう。たとえばUbuntu LinuxやRaspbianでは、アップデートは以下のようにします。

コマンド23　`$ sudo apt-get update`

パスワードを聞かれるので入力してください。そうしたらいろいろたくさん出てきます。

```
[sudo] jigoro のパスワード:
ヒット:1 http://jp.archive.ubuntu.com/ubuntu xenial InRelease
ヒット:2 http://jp.archive.ubuntu.com/ubuntu xenial-updates InRelease
ヒット:3 http://jp.archive.ubuntu.com/ubuntu xenial-backports InRelease
無視:4 http://archive.ubuntulinux.jp/ubuntu xenial InRelease
無視:5 http://archive.ubuntulinux.jp/ubuntu-ja-non-free xenial InRelease
ヒット:6 http://archive.ubuntulinux.jp/ubuntu xenial Release
ヒット:7 http://security.ubuntu.com/ubuntu xenial-security InRelease
ヒット:8 http://archive.ubuntulinux.jp/ubuntu-ja-non-free xenial Release
取得:9 http://jp.archive.ubuntu.com/ubuntu xenial/main Translation-ja [290
取得:11 http://jp.archive.ubuntu.com/ubuntu xenial/universe Translation-ja
```

これが終わったら、次のコマンドを打ってください。

```
コマンド24 $ sudo apt-get upgrade
```

「続行しますか? [y/n]」と出たら、[y] キーを押してください。

```
パッケージリストを読み込んでいます... 完了
依存関係ツリーを作成しています
状態情報を読み取っています... 完了
アップグレードパッケージを検出しています... 完了
以下のパッケージが自動でインストールされましたが、もう必要とされていません:
  libpango1.0-0 libpangox-1.0-0
これを ... toremove' を利用してください。
systemd (229-4ubuntu7) のトリガを
ureadahead (0.100.0-19) のトリガを処理し
libc-bin (2.23-0ubuntu3) のトリガを処理しています ...
initramfs-tools (0.122ubuntu8.1) のトリガを処理しています ...
update-initramfs: Generating /boot/initrd.img-4.4.0-21-generic
jigoro@ubuntupc:~$
```

プロンプトに戻る

コマンド23で、アップデート内容を確認し、コマンド24で実際にアップデートを実行したのです。コマンド23と24はセットです。できるだけ頻繁におこなってください。

質問 コマンド23がうまくいきません。「……を解決できませんでした」とか「……の取得に失敗しました」というところで、エラーが出てしまいます。

答 インターネットにはつながっていますか？　これらのコマンドはインターネットを介してファイルを取得しますので、インターネットにつながっていないとうまくいきません。

質問 こうやって更新すると、ディストリビューションのバージョンが上がるのでしょうか？

答 いえ、そういうわけではありません。ディストリビューションを構成する個々のソフトのバージョンは上がることはありますが、全体がバージョンアップされるものではありません。たとえばUbuntu 16.04に対して上記のコマンドをいくらやっても、Ubuntu 16.04のままであり、16.10や17.04になるものではありません。その誤解を防ぐために、ここではあえて「バージョンアップ」と言わずに「アップデート」と言っているのです。

質問 うーん、「バージョンアップ」と「アップデート」はどう違うのですか？

答 どちらも、ソフトウェアを新しくするという点では同じですが、「アップデート」は主に、不具合を直して完成度を高めることです。それに対して「バージョンアップ」は、新たな機能の追加や従来機能の削除、使用法の変更などを含めた、大きな更新です。本の出版にたとえると、「アップデート」は誤植訂正を伴う「第二刷」「第三刷」などであり、「バージョンアップ」は内容の大きな書き換えを伴う「第二版」「第三版」です。一見、バージョンアップのほうがよいことのように思えますが、バージョンアップで追加される新機能には未発見の不具合が含まれることが多いため、「枯れた」システムを欲する場合は、あえてバージョンアップをせず、アップデートだけをおこなうのです。

ソフトウェアを新規にインストールするのも、管理者の仕事です（一般ユーザーもソフトウェアをインストールすることができないわけではありませんが、管理者がやるほうが楽

です）。たとえば、第3章のコマンド10（70ページ）では、

```
コマンド25  $ sudo apt-get install sl
```

と打って「sl」というソフトをインストールしました。実はこれも、インターネットを介して、リポジトリからソフトをダウンロードしていたのです。

なお、コマンド23〜25は、Ubuntu LinuxやRaspbianを想定しています。それ以外のLinuxは、それぞれ別のコマンドが必要かもしれません。「アップデート」や「パッケージインストール」という言葉とディストリビューションの名前をキーにして、ネットで検索してみてください。

質問 リポジトリに用意されていないソフトはどうやってインストールするのですか？

答 リポジトリにどのようなソフトのどのバージョンのものが用意されているかは、各ディストリビューションの判断で決まります。さまざまなソフトの、しかも最新版を入れたい！　と思うなら、それに即したポリシーのディストリビューションを選ぶとよいでしょう。現在使っているディストリビューションはそのままで、でもなんとかして、リポジトリにないソフトをインストールしたい、ということなら、そのソフトの「ソースコード」を入手し、そこからインストールするのです。ここでは詳述できませんが、キーワードは、「configure」「make」「make install」です。それらを手がかりに、ネットで検索して頑張ってください！

まとめ なぜマルチユーザー、なぜパーミッション？

さて、本章の最後に、マルチユーザーやパーミッションの持つ意義を振り返っておきましょう。

1つのコンピュータの中では、さまざまな仕事がたくさん同時にこなされ、それらが互いに関係し合っています。あなたがワープロとかブラウザとか、何か1つだけのソフトを使っているときでも、コンピュータの中では、各種の周辺機器を制御したり、ネットの通信を管理したりといった、さまざまな「裏方仕事」が同時並行でおこなわれているのです。それって、人間社会に似ていませんか？

人間社会では、個々の仕事の範囲と責任の所在がはっきりしています。ラーメン屋さんはおいしいラーメンを作るのが仕事で、それ以外の仕事、たとえば車の修理や、病人の看護などには責任はありません。むしろ、ラーメン屋さんがそのような「専門外」の仕事に出てくると、社会として困りますよね。コンピュータも同じです。個々のユーザーやプログラムの影響する範囲と責任をはっきりさせ、それ以外のことをさせない、ということが、システムの安全性・安定性を保つ上で重要・有用なのです。それを簡便・合理的に実現するのがマルチユーザーやパーミッションという仕組みです。

しかし、この仕組みは熟練の足りないユーザーにとって、思わぬ障害になることがよくあります。たとえば、パーミッションの存在を忘れて、ファイルを閲覧したり改変しようとして失敗する、などです。これは、特に、中級クラスのユーザーが、Unixをサーバーとして使うときなどに、起きがちなトラブルです。私も、「あれ？　コマンドも設定も正しいはずなのになんで動かないんだ？」というトラブルをよく経験しましたが、その多くは所有者や所有グループ、パーミッション等の不整合が原因でした。というわけで、「**理解不能なエラーやトラブルは、所有者・所有グループ・パーミッションを疑え**」というメッセージで、この章を閉じることにします。

チャレンジ！

本章で学んだ知識を応用し、理解を深める演習問題です。解けなくても、これ以降の内容を読むのに支障はありません。

演習7-1

第3章のコマンド10でインストールした「sl」というコマンドを、削除（アンインストール）してみましょう。どのようなコマンドでやればいいか、考えたり調べたりしてみてください。それができたら、「$ sl 」と打って、slコマンドが走らないことを確認してください。

【ヒント】 `$ apt-get ●●●● sl`

みたいなコマンドです。「●●●●」のところに何が入るかは、「apt-get」のマニュアルを読んで調べてみましょう（$ man apt-get）。

演習7-2

あなたは、いつも使っているLinuxパソコンの電源をどのように切っていますか？　（電源ボタンをいきなり押したりしてはダメですよ！　コンピュータが壊れますから！）多くの場合は、ウィンドウのどこかに電源OFFを命ずるボタンやアイコンがあり、それをマウスでクリックして操作しますね。ところが、電源OFFはコマンドでもできるのです。やってみましょう（その前に、大事なデータやソフトは全部閉じてくださいね）。

(1) 以下のコマンドを打って、その後の様子を観察してください。

```
$ sudo shutdown -h now
```

(2) なぜこのコマンドは管理者権限（sudo）が必要なのでしょうか？

第8章 ワンライナーでプログラミングしてみよう！

前章までで、Unix（Linux）の仕組みについておおまかに、そして最低限、学びました。本当はもっともっと深くて広い話がたくさんあって、これではまだ「初心者」の入り口のレベルなのですが、急いで詰め込んでも仕方ありません。欲張らず、楽しみながら慣れて理解を深めていくことが上達への近道です。

というわけで、ここからは、ちょっと楽しい応用例を体験しながら学んでいきましょう。あまり体系的な話ではありませんが、「こういうふうに使うとこういうことができるのか」という実感を得ていただけると嬉しいです。

コンピュータを使うときに、最も楽しいのは、プログラミングです。プログラミングとは、コンピュータの持つシンプルな機能を組み合わせて、ユーザーの意図する仕事のできる機能（プログラム）を作り上げることです。今から一緒に、Unixでプログラミングをやってみましょう！　お仕着せのソフトに頼るだけではなく、自分の智恵と工夫で、思いのままにコンピュータを操ることができたときの快感は、やみつきになることうけあいです。

ワンライナーは小さなプログラム

普通、プログラムというと、Java言語とかC言語という、いわゆる「プログラミング言語」を使って作る、大掛かりなものを想像しがちですが、ここで学ぶのは、シェルの上で1行のコマンドとして走る小さなプログラムです。そういうプログラムのスタイルを「**ワンライナー**」と呼びます。ワンライナーはとてもお手軽なプログラムです。でも、侮ってはいけません。「山椒は小粒でもピリリと辛い」と言うように、ワンライナーは小さくても奥深いものがあり、工夫次第でかなり複雑・高度なことができます。

実は、あなたはすでにワンライナーを経験しています。たとえば、第6章のコマンド20（150ページ）で、

```
$ ls -R / | wc
```

というのをやりましたね。「ls」と「wc」という2つのコマンドをパイプでつないで、「コンピュータ内にあるすべてのファイルとディレクトリの数を数える」という仕事をこなしてくれました。それって、先ほど述べた、「プログラミングとは、コンピュータの持つシンプルな機能を組み合わせて、ユーザーの意図する仕事のできる機能を作り上げること」というのに合致していますよね。ですから、これはすでにプログラムであり、1行のコマンドとして走るのでワンライナーです。このように、**ワンライナーは、いくつかのコマンドをパイプなどでつないで作る**のです。

データはシェル変数に覚えさせる

　早速ワンライナーの楽しい世界を体験したいところですが、ちょっと待ってください。ワンライナーの部品として便利な仕組みがいくつかありますので、それらを学んでおきましょう。まず学んでいただきたいのが「**シェル変数**」です。「変数」とは、データを保存しておくための箱のようなものです。変数と聞くと、中学校の数学で習った方程式のxを思い出しますね。そうです、ああいう感じです。シェルで使う変数だから「シェル変数」です。たとえば「x」というシェル変数に「3」という値を代入したければ、次のように打ちます。

コマンド01
```
$ x=3
```

　すると、何事もなかったかのようにプロンプトに戻ります。ここで、今作った変数「x」の中身を表示させてみましょう。そのために使うのは、これまでも使ったことのあるechoコマンドです。こうやってください。

コマンド02
```
$ echo $x
```
xのすぐ前に$記号を付けること！

```
3
```

　いかがですか？　「3」という値が出ましたね。ここで、シェル変数「x」の前に「$」という記号を付けたことに注意してください。**シェル変数の前に「$」記号を付けること**

で、「そのシェル変数の中に入っている値」という意味になるのです。もしこれを付けないと、

コマンド03　$ echo x

xのすぐ前の$記号をわざと忘れてみる

```
x
```

となってしまいます。つまり、echoコマンドは「x」をシェル変数としてでなく文字として認識してしまうのです。

質問 **$って、プロンプトの記号じゃなかったのですか？**

答 そうですよ。でも、「$x」の「$」は違います。そもそも「$」には２つの意味があるのです。１つは、プロンプトのしるし。もう１つは、ここで述べた、「シェル変数の内容」を意味する記号です。コマンド02で言うと、左端の$は前者で、右のほうの「$x」の「$」は後者です。ちょっと紛らわしいかもしれませんが、すぐに慣れます。

シェル変数には、コマンド01のように値を直接、代入することができますが、コマンドの結果を代入することもできます。たとえば、「date」というコマンドの結果をシェル変数「d」に入れてみましょう。こうするのです。

コマンド04　$ d=`date`

` `はバッククォート記号。[@] キーを[Shift] キーとともに押せば出てくる

```
コマンド05  $ echo $d
```

```
2016年 7月 22日 金曜日 17:27:03 JST
```

いかがですか？　コマンド04では、バッククォートの中のdateコマンドが走るのですが、その結果は文字列として認識され、「d」というシェル変数に保存されます。それで、コマンド05でその内容が表示されたわけです。もしかしたら日本語ではなく英語で出たかもしれませんが、気にしないで構いません。

繰り返しはforループ

プログラミングでは、同じような処理を繰り返したいことがよくあります。いろいろなやり方があるのですが、特に「**forループ**」というのをよく使います。forループでは、ある1つのシェル変数に、いろいろな値を代入しながら、その都度、同じ処理をおこないます。例として以下のコマンドを打ってみてください。

```
コマンド06  $ for a in cat dog pig; do echo $a; done
```

```
cat
dog
pig
```

このコマンドでは、「a」というシェル変数（「a」という変数名は、animalの頭文字のつもりで私が勝手につけました）に、「cat」「dog」「pig」という3つの単語（文字列）を次々に代入し、「do」のあとに続くコマンド、すなわち「echo $a」を実行しました。その結果、3つの単語が順に表示されたのです。このように、forループは、

```
for シェル変数名 in シェル変数に入れる値を列挙; do
繰り返したいコマンド; done
```

半角スペースが入る

というスタイルで使います。

質問 コマンド06の最後の「done」というのは何ですか？

答 ああ、言い忘れていました。これはとても大事なところです。「done」は、ループで繰り返したいコマンドの終わりを意味します。「do」と「done」で挟まれた部分が繰り返されるわけです。コマンド06では、「do echo $a; done」がそれに該当しますね。ですから、「do」と「done」は必ずペアなのです。

forループを助けてくれるseqコマンド

前ページの例ではforループでシェル変数に単語を入れて回しましたが、数値を入れて回したい、ということもよくあります。その場合、たとえば、1から10までの整数値をシェル変数xに順に代入したいとき、

```
for x in 1 2 3 4 5 6 7 8 9 10; do 繰り返したいコマンド; done
```

とやればOKです。でも、10までならまだよいけど、100までとかになると大変です。そういうときに、「ある整数からある整数までをずらっと並べる」という機能がほしいものですね。それをやってくれるのがseqコマンドです。例として次のコマンドを打ってみてください。

```
コマンド07 $ seq 1 10
```

このように、1から10までの整数が順に出てきました。別に1から10まででなくてもよいのですよ。200から100000まで出したければ、

```
$ seq 200 100000
```

とやればよいのです（これやると、なかなか終わりませんので、適当なところで［CTRL］+［c］を押して止めましょう）。

さて、seqコマンドをforループの値の範囲指定に使うことができます。たとえば、シェル変数「x」に1から10までの値を順次入れるには、こうするのです。

コマンド08
```
$ for x in `seq 1 10`; do echo $x; done
```

ここで「seq 1 10」を「` `（バッククォート）」で囲んだことに注意してください。コマンド04（187ページ）の使用例に似ています。「` `」の中のコマンドは、その実行結果が文字列として認識され、それがfor文の一部になり、シェル変数「x」の範囲を指定するのです。したがって、コマンド08は、実質的には以下のコマンドと同じです。

```
$ for x in 1 2 3 4 5 6 7 8 9 10; do echo $x; done
```

質問 コマンド08って、結局コマンド07と同じ結果じゃないですか。わざわざforループを使う意味、ありますか？

答　確かにコマンド08は、seqコマンドを「` `」でforループに埋め込んだりして面倒なことをやった割に、結果は

seqコマンドを単体で使ったとき（コマンド07）と同じです。なのにあえてコマンド08を出したのは、次節で示すような複雑な問題に立ち向かうための準備です。

カレンダー問題に挑戦！

さて、準備はこのくらいにして、ワンライナー・プログラミングで何か課題に挑戦してみましょう。最初の相手はカレンダーです。カレンダーは身近なものですが、実は複雑です。たとえば月日と曜日の対応は、月ごとの日数が違ったり、うるう年があったりで、簡単には計算できないのです。

日と曜日の対応で気になるのは、多くの国で不吉とされる「13日の金曜日」ですね。たとえばある年の1年間に、「13日の金曜日」がいくつあるのか、調べてみましょう。ここでは特に、2015年について調べてみましょう（その理由はあとでわかるでしょう！）。とりあえず

コマンド09
```
$ cal 2015
```

で、2015年のすべての月のカレンダーが出ますので、それを丹念に見ればわかります（たとえば11月に「13日の金曜日」がありますね）。でも、見落としもあるかもしれないし、あとでいろいろな年についても調べてみたいので、もうちょっと自動化しましょう。そこで、dateコマンドを使います。dateコマンドは日付を表示させるコマンドですが、実は、今日以外の日付も調べてくれるのです。たとえば、2015年11月13日の情報を調べるには、

コマンド10　$ date -d 2015/11/13

```
2015年 11月 13日 金曜日 00:00:00 JST
```

とやります。これを応用して、いろいろな年月の13日が、金曜日かどうかを調べることができます。ここでは、2015年について、1月から12月まで、月を順々にシェル変数に入れてforループで回せばよさそうです。実際、こうやるのです。

コマンド11
```
$ for m in `seq 1 12`; do date -d 2015/$m/13; done
```

```
2015年  1月 13日 火曜日 00:00:00 JST
2015年  2月 13日 金曜日 00:00:00 JST
2015年  3月 13日 金曜日 00:00:00 JST
2015年  4月 13日 月曜日 00:00:00 JST
2015年  5月 13日 水曜日 00:00:00 JST
2015年  6月 13日 土曜日 00:00:00 JST
2015年  7月 13日 月曜日 00:00:00 JST
2015年  8月 13日 木曜日 00:00:00 JST
2015年  9月 13日 日曜日 00:00:00 JST
2015年 10月 13日 火曜日 00:00:00 JST
2015年 11月 13日 金曜日 00:00:00 JST
2015年 12月 13日 日曜日 00:00:00 JST
```

このコマンドでは、シェル変数「m」(monthの頭文字から名づけました）に、seqコマンドで用意した1から12までの値を順に入れていきます。で、その都度、「date -d 2015/$m/13」というコマンドを実行します。このコマンドの引数の中に、「$m」があることに注意です！　シェル変数「m」の値が1、2、…、12と変わっていくたびに、この「$m」の部分が1、2、…、12という文字列に置き換えられてdateコマンドが実行されるのです。たとえば「m」が「5」のときは、この部分は「date -d 2015/5/13」、つまり2015年5月13日の情報を表示せよ、というコマンドになるのです。だから、1月から12月までの各月の13日について順に情報が表示されるのです。どうです？　うまくできているでしょう！

さて私達は、この中で、金曜日だけに興味がありますから、そうでないのは表示しないようにしましょう。まず、表示が日本語だった場合は、あとあと何かと面倒なので、表示をいったん英語にします（元に戻すのは簡単ですから安心して！）。そのためには以下のコマンドを打ってください。

コマンド12　$ LANG=C　（Cは大文字です）

「なんだこのコマンド？」と思う人のためにちょっと説明しておきますね（本筋とは無関係なので、興味ない人は読み飛ばして結構です）。「LANG」というのはシェル変数（正確には環境変数という、特別なシェル変数）の一つで、ターミナルの言語設定情報が入っています。これに「C」という値を設定すると、使用言語が英語になるのです（ちなみに、日本語に戻すには、「$ exit」と打ったり、ウィンドウの上の「×」ボタンをマウスでクリックしたりして、そのターミナルを閉じて、再起動すればOKです）。

コマンド12をやった上で、コマンド11をやってみてください。以下のように英語になりましたか？（もともと英語だ

った人には何の驚きもありませんが)

コマンド 11　コマンド11と全く同じ

```
$ for m in `seq 1 12`; do date -d 2015/$m/13; done
```

```
Tue Jan 13 00:00:00 JST 2015
Fri Feb 13 00:00:00 JST 2015
Fri Mar 13 00:00:00 JST 2015
Mon Apr 13 00:00:00 JST 2015
Wed May 13 00:00:00 JST 2015
Sat Jun 13 00:00:00 JST 2015
Mon Jul 13 00:00:00 JST 2015
Thu Aug 13 00:00:00 JST 2015
Sun Sep 13 00:00:00 JST 2015
Tue Oct 13 00:00:00 JST 2015
Fri Nov 13 00:00:00 JST 2015
Sun Dec 13 00:00:00 JST 2015
```

さて、この出力で、「Fri」が金曜日ですので、「Fri」という文字列がある行だけを抜き出しましょう。それには「**grep**」というコマンドを使います。「grep」は、テキストデータから、特定の文字列パターンを持つ行だけを抜き出して表示するコマンドです。今は「Fri」という文字を含む行だけを抜き出したいのです。こうします（コマンド履歴を［↑］キーで出して、以下の太字部分を付け足せば簡単ですね。カーソルを一瞬で行頭や行末に移動させるには、それぞれ［CTRL］+［a］、［CTRL］+［e］が使えます。便利です！）。

コマンド 13

```
$ for m in `seq 1 12`; do date -d 2015/$m/13; done | grep Fri
```

```
Fri Feb 13 00:00:00 JST 2015
Fri Mar 13 00:00:00 JST 2015
Fri Nov 13 00:00:00 JST 2015
```

2月、3月、11月に「13日の金曜日」がありますね。なるほど、3回ですか。1年間は12ヵ月ですから、12回の「13日」があります。それぞれが7つの曜日の可能性がありますので、特定の曜日（今の場合金曜日）になる日数は、平均的には12/7で約1.7回のはずです。ですから3回は多めですね……。では他の年はどうでしょう？　2015年から2024年までやってみましょう。そのためには、forループで年を表すシェル変数（ここではyと名づけましょう）に2015から2024までを入れていき、その中でコマンド13を実行すればよいのです。コマンド13がすでに月（シェル変数「m」）に関するforループになっていますので、forループが二重になる（入れ子になる）わけです。こうなります。

コマンド14　改行せずに1行で打ってください

```
$ for y in `seq 2015 2024`; do for m in `seq 1 12`
; do date -d $y/$m/13; done | grep Fri; done
```

```
Fri Feb 13 00:00:00 JST 2015
Fri Mar 13 00:00:00 JST 2015
Fri Nov 13 00:00:00 JST 2015
Fri May 13 00:00:00 JST 2016
Fri Jan 13 00:00:00 JST 2017
Fri Oct 13 00:00:00 JST 2017
Fri Apr 13 00:00:00 JST 2018
Fri Jul 13 00:00:00 JST 2018
Fri Sep 13 00:00:00 JST 2019
Fri Dec 13 00:00:00 JST 2019
Fri Mar 13 00:00:00 JST 2020
Fri Nov 13 00:00:00 JST 2020
Fri Aug 13 00:00:00 JST 2021
Fri May 13 00:00:00 JST 2022
Fri Jan 13 00:00:00 JST 2023
Fri Oct 13 00:00:00 JST 2023
Fri Sep 13 00:00:00 JST 2024
Fri Dec 13 00:00:00 JST 2024
```

質問 何も表示されずに終了したのですが……。

答 コマンド12を忘れていませんか？　日本語表示のままだと、「Fri」でなくて「金曜日」と出てしまうので、「grep Fri」のところで、全部の出力が捨てられてしまうのです。

質問 なんか、エラーが出ました。「bash: syntax error near unexpected token 'do'」とのこと。なぜでしょう？

答 コマンドの打ち間違いのようですね。もう一度チェックしてみてください。

質問 何回もチェックしましたが、どこがダメなのかわかりません……。

答 そういうときは、ワンライナーをシンプルに変えて試してみるとよいのです。打ち込んだワンライナーを［↑］キーで表示させ、その一部を消して（切り落として）いくのです。たとえばコマンド14の

```
| grep Fri
```

を消してみましょう。そうすると、ちょっとシンプルなワンライナーになりますね。それでもエラーが出たら、さらに一部を消して、というふうにやっていくのです。そうすると、どこかの時点でエラーが出なくなります。そのあたりにエラーの原因があった、ということがわかるのです。これはワンライナーだけでなく、多くのプログラミングで使えるテクニックです。

さてコマンド14、うまくいきましたか？　各年の「13日

の金曜日の日数」だけを知りたいなら、この出力には無駄な情報がたくさん含まれていて、まだ見にくいですね。そこで、「何月何日」を表示させないで、日数だけ表示させてみましょう。いろいろなやり方がありますが、私はちょっと考えて、以下の作戦を立てました。

　まず、上の出力のうち、年と曜日だけを表示しましょう。dateコマンドのマニュアルを再び

```
$ man date
```

というコマンドでよく調べると、表示形式をいろいろ変えられることがわかりました。年と曜日だけを表示するには、「+"%Y %a"」というオプションをdateコマンドに与えればよいそうです。やってみましょう。

コマンド15

```
for y in `seq 2015 2024`; do for m in `seq 1 12`
; do date -d $y/$m/13 +"%Y %a"; done | grep Fri; done
```

コマンド14に、この部分を追加

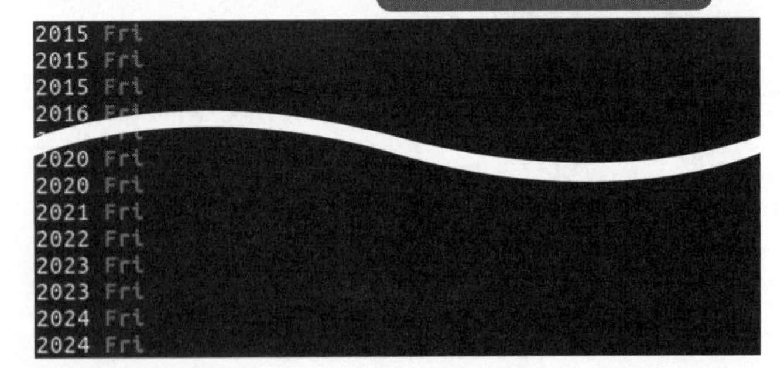

いかがですか？「13日の金曜日」の回数の分だけ、「その年と『Fri』という文字列」が表示されていますね。それを数えればいいでしょう。それには、「**uniq**」というコマンドを使います。これは「前後で同じ行が重複したら1つにまとめる」という機能を持つコマンドです。これに「-c」というオプションを付けると、重複数を表示してくれます。これを使って、「その年とFriという文字列」が何回重複して現れたかを数えればいいのです。ではやってみましょう。

コマンド16

```
for y in `seq 2015 2024`; do for m in `seq 1 12`
; do date -d $y/$m/13 +"%Y %a"; done | grep Fri
; done | uniq -c
```

コマンド15に、この部分を追加

```
      3 2015 Fri
      1 2016 Fri
      2 2017 Fri
      2 2018 Fri
      2 2019 Fri
      2 2020 Fri
      1 2021 Fri
      1 2022 Fri
      2 2023 Fri
      2 2024 Fri
```

いい感じですね！　13日の金曜日は、2015年が最多の3日で、他の年は2日以下でした。2015年はそういう意味で、レアな年だったのです！

あのコマンドの意味は？

さて、第１章で、「フォルダ内のすべての画像ファイルを選び、各ファイルの作成日をファイル名の先頭につけ、backupという名前のフォルダにコピーする」という操作を

```
for i in *jpg; do cp $i backup/`date -r $i +%Y%m%d`_
$i; done
```

というコマンドでできる、と紹介しました。覚えていますか？　このコマンドの意味を解釈してみましょう。まず、このコマンドはfor文による繰り返しを使っています。それは、

```
for i in *jpg; do …; done
```

という形です。この、「*jpg」というのは、カレントディレクトリの中にあるファイルで、ファイル名の末尾に「jpg」という文字列が付いているものをすべて列挙することに相当します。たとえば、カレントディレクトリに、

abc.jpg　　def.jpg　　ghi.jpg

という３つのファイルがあった場合、

```
for i in *jpg; do …; done
```

は、

```
for i in abc.jpg def.jpg ghi.jpg; do …; done
```

ということと同じになります。このように、「*」という記号は、複数のファイルをまとめて処理するのに便利です（そういう記号は「**ワイルドカード**」と呼ばれます）。次に、for文の中の、

```
cp $i backup/`date -r $i +%Y%m%d`_$i
```

ですが、cpコマンドはわかりますね。ファイルのコピーです。「cp」の最初の引数である「$i」は、コピー元のファイル名で、それはfor文によって、「abc.jpg」「def.jpg」「ghi.jpg」という3つのファイル名が順々に入ります。そしてcpコマンドの2番目の引数は

```
backup/`date -r $i +%Y%m%d`_$i
```

となっています。これはコピー先のファイル名（の相対パス）です。それを詳しく見ると、まず、「backup/」という部分で、カレントディレクトリの中にある「backup」というディレクトリを指定します。ポイントは、そのあとの

```
`date -r $i +%Y%m%d`_$i
```

です。2つのバッククォート「`」と「`」で囲まれた部分は、そのコマンドの結果を文字列としてみなす、という約束でした（コマンド04やコマンド08で学びましたね）。「date -r $i」というのは、「$i」というファイル名のファイルの作られた日付を表示せよ、というコマンドです。「+%Y%m%d」は、そのコマンドの引数で、日付の書式を年月日という形（たとえば2015年9月19日なら、「20150919」）で表せ、という意味です。というわけで、もし「$i」が「abc.jpg」であり、「abc.jpg」というファイルが2015年9月19日に作られたのであるなら、

```
`date -r $i +%Y%m%d`_$i
```

は、

```
20150919_abc.jpg
```

ということになります。

質問 2015年9月19日って、何の日でしたっけ？

答 忘れたのですか!?　ラグビー日本代表がワールドカップで南アフリカ代表に歴史的な勝利を（現地時間で）挙げた日です！

まとめ　ワンライナーで さくっとやるのがUnixのプログラミング

振り返ってみると、コマンド16はコマンド10が出発点でした。最初はシンプルなdateコマンドでしたが、それをforループで回したりパイプでコマンドを追加していくうちに、どんどん成長していきました。最後のコマンド16は、とても長いコマンドになってしまいましたね。紙面の都合で3行にまたがってしまいました。でもシェルにとっては、これは1行のコマンドですから、これも「ワンライナー」です。

この「各年の13日の金曜日の日数を表示」するプログラムを、世の中でよく使われるプログラミング言語（たとえばC言語やJava言語）で作るとしたら、結構面倒くさいです。それらの言語を体験したことのある人ならわかるでしょう。でもワンライナーなら、さくっとできてしまうのです！

この「**さくっと**」という言葉は、一見複雑で大変そうな課題を、手近な道具を工夫して組み合わせ、手際よく、シンプルに片付けることを表現します。Unixは「さくっと」やるのです。優れた板前さんが、シンプルな道具を組み合わせて手際よく料理を作り上げるように、Unixの名手は、ワンライナーを駆使して大規模で複雑な問題をさくっと解決するのです。そしてそれを支えるのは、「なるべくテキスト形式でデータを処理しようとする」ことや、「標準入出力というシンプルなインタフェースに多くのコマンドが対応している」ことや、「1つ1つのコマンドは小さいけれど特定の役割だけはきっちりとこなす」こと、といったUnixのユニークな設計思想なのです。

そしてもう1つ、知っておいていただきたいことがあります。それは、ワンライナーは多くの場合、使い捨てにする、ということです。普通、プログラムというと、それなりの時間をかけて作り込んで、大切に保存するものですが、ワンライナーは、その場その場で必要なものを即興で作り、目的が達成できたら保存もせずに捨てていくのです。もったいない！　でも、それがワンライナーの手軽さなのです。コマンド16の「13日の金曜日プログラム」も、もし頻繁に使うようであればどこかに保存してもよいですが（その場合、あとに学ぶ「シェルスクリプト」という仕組みが役立ちます）、そうでなければ使い捨てにして、必要になったらまたその場で作ればよいのです。まるでナイフ1本だけを持って森に分け入り、炊事用具や寝床を作り、使い捨てにしながら旅をする冒険家のように、Unixの達人はワンライナーを作っては使い捨てにしてコンピュータを操るのです。

チャレンジ！

本章で学んだ知識を応用し、理解を深める演習問題です。解けなくても、これ以降の内容を読むのに支障はありません。

演習8-1

以下のコマンドを試してみてください。

```
$ echo /*
$ for i in /*; do echo $i; done
$ ls /
```

これらの3つのコマンドの結果を比べてみましょう。表示形式は違いますが、内容はほとんど一緒ですね。なぜでしょう？

演習8-2

(1) 以下のコマンドを順に試してください。

```
$ echo Linux is wonderful!
$ echo Linux is wonderful! | tr a-z A-Z
$ echo Linux is wonderful! | sed 's/Linux/Unix/'
$ echo Linux is wonderful! | cut -b 3-13
```

(2)「tr」は何をするコマンドでしょうか？

(3)「sed」は何をするコマンドでしょうか？

(4)「cut」は何をするコマンドでしょうか？

第9章

awkを使ってみよう！

前章ではワンライナーという小さなプログラムを作ってみました。前章では紹介しませんでしたが、実は、ワンライナーで活躍する、強力な武器があります。それは「**awk**」というコマンドです。「awk」は「オーク」と読みます。「awk」は、テキストデータをいろいろ加工したり処理したりするコマンドですが、それ自体がプログラミング言語としての機能を備えています。しかもそれがとてもシンプルで柔軟にできており、ワンライナーの部品として「痒いところに手が届く」感じで活躍してくれるのです。

awkを体験

「awk」とはどういうものなのか、つまり「awkの気持ち」を知っていただくために、しばらく単純な例を体験してみましょう。ちょっとつまらないかもしれませんが我慢してついてきてくださいね。まず、以下のコマンドを打ってみてください。

コマンド01
```
$ echo 100 200
```

```
100 200
```

何の不思議もありませんね。「100」と「200」という数を表示させただけです。では、これにパイプ「|」で以下のように「awk」につないでみましょう。

'はバックウォートではなくシングルクォート

コマンド02　$ echo 100 200 | **awk '{print $1}'**

「' '」は前章でよく出てきた「\` \`（バッククォート）」とは違い、「シングルクォート」という文字です。[Shift] キーを押しながら [7] キーを押せば出てきます。

```
100
```

いかがですか？　「100」という数だけが表示されましたね。何をやったのか説明します。コマンド02でパイプ「|」の先に「awk」があり、その引数が「{print $1}」となっています。「print」は「データを表示する」という、「awk」の持つコマンドの一つです。ここでちょっとややこしいのですが、この「print」は、「ls」や「cd」などのようにUnixシェルで実行するコマンドではなく、あくまで「awk」というコマンドの中で実行されるコマンド（「awk」のコマンド）なのです。

質問 えっ!?　コマンド02はUnixのCUI、つまりシェルで打っていますよね。ですから、awkコマンドも、その中の「print」とかいうコマンドも、シェルで実行されているのではないですか？

答 こういうのは、気にならない人はあえてここで立ち止まらずにスルーしてそのまま進んでください。そのうちわかってきますので。気になるあなただけに答えると、あなたの解釈は、半分正しく、半分間違いです。そもそもシェルには「print」というコマンドはありません。ここではシェルはawkコマンドを走らせ、その上で、「awk」がprintコマンドを走らせているのです。シェルは「awk」を実行するという大切な役割をこなしましたが、printコマンドはシェルのことなんか知らずに、あくまで「awk」に実行されたのです。ですから、「awk」の引数の「' '」の内側は、「シェルとは違う、awkの独自の世界」だと思ってください。

説明を続けます。コマンド02で、「awk」の引数の中の「$1」は、「awkの標準入力に流れ込んでくるデータの中の左から1番目の項目」という意味です。この例では、echoコマンドから、「100」と「200」というデータが「awk」に流れてきます。ここで大切なルールを覚えておいてください。**「awk」はデータの切れ目を空白文字（やタブ）で勝手に判断します**。逆に言えば、空白やタブが入っていない、連続した文字や数字は、ひとかたまりで1つのデータとみなされるのです。したがって、100は「1」「0」「0」という3つのデータではなく、「100」というひとかたまりのデータです。したがって、この例では、「$1」は「100」という値を意味します。「print $1」で、「流れてくる最初のデータを表示せよ」というわけで、めでたく「100」と表示されたのです。

質問 前章で、$はプロンプトを意味するか、シェル変数の値を表す記号だって言ってましたが、この場合は？

答 そのどちらでもありません。前章の話は、あくまでシェルの中の話。ここでの「$」は、「awk」の中の話なので、舞台が違います。「awk」の中では、「$」は、「$1」や「$2」のように数値と一緒になって、「流れてきたテキストデータの何番目かの項目」を入れる変数という意味を持ちます。

では、コマンド02で「print $1」の「$1」を「$2」に変えたらどうなるでしょう？

コマンド03
```
$ echo 100 200 | awk '{print $2}'
```

```
200
```

「200」と出ました。「$2」は「2番目のデータ」という意味です。わかってきましたね！　では、次のコマンドはどうでしょう？

コマンド04
```
$ echo 100 200 | awk '{print $1+$2}'
```

```
300
```

最初のデータ（$1）と次のデータ（$2）の足し算をして結果を出すプログラムでした。

では、コマンド04を応用して、「100×200」をやらせてみてください。コマンド04で「+」を「*」にして、以下のようにすればOKです。「20000」という結果が出るでしょう。

```
$ echo 100 200 | awk '{print $1*$2}'
```

このように、「awk」は計算ができます。計算が複雑になってくると、途中の結果を何らかの形で保持しておきたい、ということがあります。そういうときは、「変数」を使います。前章で「シェル変数」というものを学んだとき、変数とはデータを入れておく箱みたいなもの、と言いましたね。「awk」にも変数があるのです。使い方は簡単です。コマンド04をちょっと変えて、次のようなコマンドを実行してみてください。

コマンド05
```
$ echo 100 200 | awk '{x=$1+$2; print x}'
```

```
300
```

コマンド04では「$1」と「$2」の足し算をそのままprintコマンドで表示させたのですが、コマンド05ではいったん「x」という変数に保持し（x=$1+$2）、そのあとにprintコマンドで「x」の内容を表示する、という形で結果を表示させました。

ところでコマンド05では、「x=$1+$2」というコマンド（というか計算式）と、「print x」というコマンドを順に実行しました。このように、**「awk」の中で複数のコマンドを順に実行するには、コマンド同士を「;（セミコロン）」で分かち書きする**のです。これも大切な約束です。

いろいろなコマンドの出力をawkに流し込んでみよう

前節では、echoコマンドの出力をパイプで「awk」に与えて処理をさせました。パイプは、あるコマンドの標準出力を、別のコマンドの標準入力に流し込むものでしたね。実は、「awk」は（パイプやリダイレクトを介して）標準入力に流れ込んだデータを処理することに専念するものであり、その相手がechoコマンドであろうが何であろうが気にしないのです。言い換えれば、どんなコマンドでも、標準出力にテキストデータを吐き出すコマンドなら、それを「awk」に流し込めるのです。

例として、「ls -l /」というコマンド（ルートディレクトリの中身を詳しく表示するコマンド）を「awk」に流し込んでみましょう。まず、「awk」のことを忘れて普通にやると、

コマンド06　$ ls -l /

```
合計 104
drwxr-xr-x   2 root root  4096  7月  25 11:45 bin
drwxr-xr-x   3 root root  4096  7月  25 11:58 boot
drwxrwxr-x   2 root root  4096  7月   5 12:44 cdrom
drwxr-xr-x  20 root root  4480  7月  25 12:02 dev
drwxr-xr-x 130 root root 12288  7月  25 11:57 etc
drwxr-xr-x   3 root root  4096  7月   5 12:45 home
lrwxrwxrwx   1 root root    32  7月   5 12:47 initrd.im
-21-generic
drwxr-xr-x  22 root root  4096  7月  25 11:40 lib
```

のようになります。これをコマンド02のようにパイプで「awk '{print $1}'」につなぐと……

コマンド07　$ ls -l / | awk '{print $1}'

```
合計
drwxr-xr-x
drwxr-xr-x
drwxrwxr-x
drwxr-xr-x
drwxr-xr-x
drwxr-xr-x
lrwxrwxrwx
drwxr-xr-x
drwxr-xr-x
```

のようになります。なんと、左端（つまり１番目の項目）にあるパーミッションの情報しか表示されなくなってしまいました（最初の行の「合計」というのだけは余計ですが）。なんだか面白いですね（こんな例自体は何の役にも立ちませんが）。

ここでちょっと不思議なことが起きています。というのも、そもそも「ls -l /」は結果を複数の行にまたがって出力しますが（コマンド06のように）、それをパイプで「awk '{print $1}'」に流し込むと、左端（１番目の項目）のデータが、最初の行だけでなく、それ以降のすべての行についても、表示されました。これは、とても大切なことなのです。**awkは、流れてきたテキストデータを、すべての行のそれぞれについて処理する（行ごとに処理を繰り返す）**のです。

質問　「行ごとに繰り返す」のはなぜですか？　そんな制限、ないほうがよいと思いますけど。

答　awkがもともとそのように作られているからなのです

が、これはUnixの文化にかかわっています。Unixでは、データはテキスト形式で、しかも**1行につき1件のデータを表現する**（データベースを勉強したことのある人なら、「1行につき1件のレコード」と言うほうがわかりやすいでしょう）、という文化があります。たとえば学生の成績なら、1人の成績を、数学、英語、理科、……といった各科目の点数をずらっと横に並べて1行で完結させるのがUnixの文化なのです。ですから、「awk」のように、テキストデータに対して同じような処理を行単位で繰り返す、という機能は重宝するのです。考えてみれば、前章で使ったgrepコマンドやuniqコマンドもそうでしたね！　「1行1件のテキストデータ」として定型化されているデータは、Unixではスムーズに（場合によってはExcelよりも快適に！）処理できます。私も、自分の仕事のデータはそのように記述することを心がけています！

ガウス少年に挑戦！

では「awk」を使って具体的に何かやってみましょう。最初に取り組むのは、「1から100までの整数を全部足したらいくつになる？」という問題です。これは天才数学者ガウスが幼い頃に先生に出題されて一瞬で解いたという伝説の問題です。高校数学を覚えている人は、「等差数列の和」の公式で出せるでしょうし、Excelのような表計算ソフトでも簡単にできますね。我々はあえてUnixのシェルと「awk」でやるのです。まず、1から100までの整数を標準出力に出します。それには、前章で学んだseqコマンドを使います。

コマンド08　`$ seq 1 100`

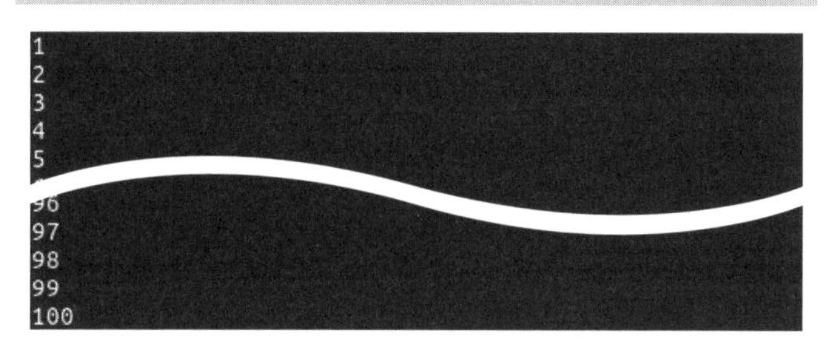

これは、1から100までの数を順に表示せよ、というコマンドでしたね。このコマンド08の出力を「awk」の標準入力にパイプで流し込んで足し上げましょう。それには、以下のように打ってみてください。

コマンド09　`$ seq 1 100 | awk '{s=s+$1; print $1, s}'`

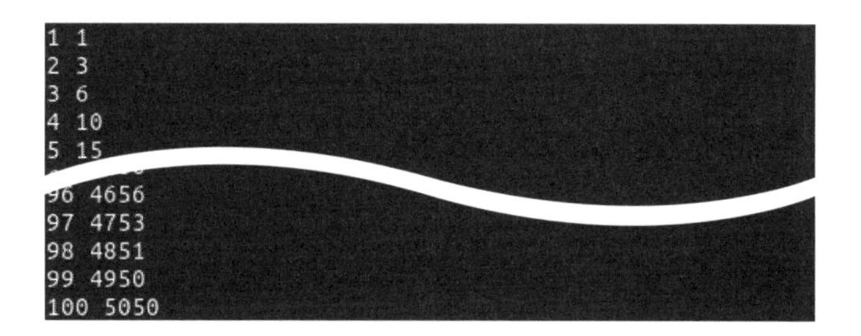

いかがですか？　最後の行の２項目めに「5050」と出ましたね。これが答えです！　ではこのワンライナーの意味を解釈してみましょう。まず、「seq 1 100」というコマンドの出

力、すなわち1から100までの数が1つずつ行として出力され、それがパイプを介してawkコマンドの標準入力に流れ込んできます。「awk」には、

```
'{s=s+$1; print $1, s}'
```

という文が引数として与えられていますね。

まず、「s=s+$1; 」とあります。「s」は先ほどのコマンド05の「x」と同じような「変数」です。ホントは「x」でも「a」でも何でもいいのですが、ここでは「足す」という意味の英語sumの頭文字をとって「s」としました（私の好みです）。「$1」は、標準入力に流れ込んできた、1から100までの数が順々に入ります。

```
s=s+$1
```

という式では、「変数sに$1を足した結果を改めて変数sに格納せよ」という処理を表します。数学的には変な式ですね。中学生ならきっと両辺から「s」を引いて、「0=$1」としてしまうでしょう。でも、コンピュータの世界では「=」は、数学の等号とはちょっと意味が違うのです。数学の等号は、「左辺と右辺は等しい」という意味ですが、コンピュータの「=」は、「右辺の計算結果を左辺に代入せよ」という意味なのです。で、そのあとに

```
print $1, s;
```

とあります。これは、変数「$1」と変数「s」の値を画面（標準出力）に出せ、という意味です。

「awk」は行ごとに処理を繰り返しますが、変数には、前の行でおこなった処理の結果が持ち越されます。したがって、変数「s」には、次々に数が足し上げられて、その都度、「s」の値が表示されていきます。「s」の最後の値が、「1か

ら100までの和」になっているわけです。

円周率を求めてみよう！

さて、前節の問題はガウス少年のように算数の得意な子なら暗算で解く程度ですので、もう少し高度な問題に挑戦しましょう。円周率πの値、すなわち、3.1415926……って、どのように求めるかご存知ですか？　いろいろな方法がありますが、ここでは次の不思議な公式を使ってみましょう。

$\pi^2/6 = 1/1^2 + 1/2^2 + 1/3^2 + 1/4^2 + 1/5^2 + 1/6^2 + \cdots\cdots$

なんと、1から順に整数の2乗の逆数をどんどん足していくと、πが現れるのです。数学って不思議ですね。これは「バーゼル問題」と呼ばれ、18世紀にオイラーという数学者によって解かれました。その詳細についてはブルーバックスの他の本を探していただくとして、私達はこれをもとにπを計算するのです。方針を考えましょう。まず、上の式の右辺をsという変数で表しましょうか。つまり、

$s = 1/1^2 + 1/2^2 + 1/3^2 + 1/4^2 + 1/5^2 + 1/6^2 + \cdots\cdots$

です（これは先ほどのコマンド09の応用で計算できそうですね）。すると、最初の式は

$\pi^2/6 = s$

となります。この両辺を6倍すれば、

$\pi^2 = 6 \times s$

となり、さらに両辺の平方根をとれば、

$\pi = \sqrt{6 \times s}$

となり、円周率が求まりますね（この理屈はわからなくても構いません）。これで方針が立ちました。ではこれをawkを

含めたワンライナーで計算してみましょう。こうやるのです。

コマンド10

```
$ seq 1 100 | awk '{s=s+1/($1*$1); print $1, sqrt(6*s)}'
```

```
1 2.44949
2 2.73861
3 2.85774
4 2.92261
5 2.96339
94 3.13147
95 3.13158
96 3.13168
97 3.13178
98 3.13188
99 3.13198
100 3.13208
```

「awk」の中では、まず「s」という変数に、「整数の2乗の逆数」をどんどん足していきます。printコマンドの最後にある、「sqrt(6*s)」に注目してください。「sqrt」とはsquare root、つまり「平方根」を求めるawkコマンドです。「s」を6倍したもの「(6×s)」を、sqrtの中に入れたのです。この値が、次第にπ=3.1415に近づいていくはずですが……あれ？　3.13くらいで、3.14になりませんね……。多分、100まででは足らなかったのでしょう。なら、思い切って10000までやってみましょう。

コマンド11

```
$ seq 1 10000 | awk '{s=s+1/($1*$1); print $1, sqrt(6*s)}'
```

```
1 2.44949
2 2.73861
3 2.85774
4 2.92261
5 2.96339
9996 3.1415
9997 3.1415
9998 3.1415
9999 3.1415
10000 3.1415
```

いい線にいきましたね！

再びカレンダー問題

「awk」を使って、前章でやったカレンダー問題をもう少し発展させてみましょう。まず曜日を英語表示させるために、

コマンド12

```
$ LANG=C
```

と打ってください。前章のコマンド16（199ページ）では、2015年から2024年までの各年で、13日の金曜日が何回あるかを求めました。そのときのコマンド（ワンライナー）は以下のようなものでした。

コマンド13

```
$ for y in `seq 2015 2024`; do for m in `seq 1 12`
; do date -d $y/$m/13 +"%Y %a"; done | grep Fri
; done | uniq -c
```

うまく動くか、再確認してみてください。ではこれを元

に、「西暦1916年から2015年までの100年間で、13日の金曜日が3日もあった年は何回か？」をやってみましょう。まず「seq」の引数は「1916 2015」としましょう。そして、出力の最初の列（各年の「13日の金曜日」の日数）が3であるような年だけを抜き出して出力します。そこに「awk」を使うのです。以下のように打ってみてください（実行に多少の時間がかかります）。

コマンド14

```
$ for y in `seq 1916 2015`; do for m in `seq 1 12`
; do date -d $y/$m/13 +"%Y %a"; done | grep Fri
; done | uniq -c | awk '$1==3{print}'
```

```
      3 1925 Fri
      3 1928 Fri
      3 1931 Fri
      3 1942 Fri
      3 1953 Fri
      3 1956 Fri
      3 1959 Fri
      3 1970 Fri
      3 1981 Fri
      3 1984 Fri
      3 1987 Fri
      3 1998 Fri
      3 2009 Fri
      3 2012 Fri
      3 2015 Fri
```

ここで付け加えた「awk」の中の「$1==3」は、「1項目めが3に等しかったら以下を実行せよ」という条件判定です。このように、「awk」は{}の前に条件判定を置くことができるのです。

質問 なんで「=」を2つ重ねるのですか？

答 これ、気にならない人はスルーで構いません。「awk」に限らず、多くの計算機言語では、条件判定では等号を二重にする慣習です（一方、一つだけの等号は、前述のように、代入を意味します）。

さて、コマンド14は、時間はかかりますが、「13日の金曜日が3日ある年」が表示されますね。これが全部で何年あるか（何行出てくるか）を数えればOKです。それには、上のワンライナーにさらにwcコマンドをつなげばよいでしょう。

コマンド15

```
$ for y in `seq 1916 2015`; do for m in `seq 1 12`
; do date -d $y/$m/13 +"%Y %a"; done | grep Fri
; done | uniq -c | awk '$1==3{print}' | wc -l
```

```
15
```

15年ですか。「13日の金曜日が3日あった年」は、15%くらいなのですね。ちなみに4日以上あった年はどうでしょう？

コマンド16

```
$ for y in `seq 1001 2000`; do for m in `seq 1 12`
; do date -d $y/$m/13 +"%Y %a"; done | grep Fri
; done | uniq -c | awk '$1>3{print}'
```

これはコマンド14の末尾の「awk」内で、「$1==3」を「$1>3」にしたものです。1項目めが3より大きい行だけを抽出するのです。

コマンド16はしばらくしてからコマンドプロンプトに戻り、結果は何も表示されずに終わります。つまり、「13日の金曜日が4日以上あった年」はないようです。

ここで示した例では、「awk」は長いワンライナーの最後に待ち構えていて、我々が望む条件を満たした結果だけを表示し、それ以外を捨ててくれました。ワンライナーでは「awk」はこのようにフィルターの役割を担うことも多いのです。

まとめ　おもてなし上手の「awk」は、ワンライナーの主役！

「awk」がどういうものか、わかっていただけましたか？「awk」は標準入出力で流れてくるデータを柔軟に選別・加工するのが得意です。ですから、いろいろなコマンドを組み合わせてワンライナーを作っていくうちに、「ちょっとこうしたいな……」と思うようなときに、「awk」は大活躍します。

もちろん、データの選別や加工は、CやJavaなどの言語でプログラムすればできますし、Excelなどの表計算ソフトでもできます。場合によってはそっちのほうが便利ですね。でも「awk」の圧倒的に素晴らしいところは、**Unixの標準入出力の中に手軽に埋め込むことができる**、ということです。前章でも説明したように、Unixでは、標準入出力を介して、多くのコマンドを組み合わせて処理する（つまりワンライナーでさくっとやる）という文化があります。「awk」はその文化の中で、大きな存在感のある、主役級のコマンドなのです。

それと、「awk」にはもう1つ素晴らしいことがあります。それは、「**バグが出にくい**」ということです。バグとはプログラミングにおける人為的なミスです。CやJavaなどでプログラミング経験のある人ならわかるでしょう。どんなに小さなプログラムも、作ったばかりの段階では、たいていバグ（ミス）があるものです。ところが「awk」はバグが起きにくいのです。直感的に、思ったまま・考えたままのことを書き並べるだけで、不具合なく、すっと動くことが多いのです。

その理由は、「awk」の柔軟性にあります。普通の言語なら、「x」とか「a」とか「s」などという変数を使うときには、あらかじめそれがどのようなものなのかを宣言したり定義する、という手続きが必要だし、あとでそれを変更するのは面倒です。ところが「awk」にはそういう手続きがほとんど不要です。ユーザーは面倒な手続きをすっとばして思ったとおりに使えばよいのです。「awk」はユーザーの意図を適切に汲み取って処理してくれるのです。ですから私は「awk」を使うたびに、こまやかなおもてなしのある日本旅館を連想してしまうのです。

チャレンジ！

本章で学んだ知識を応用し、理解を深める演習問題です。解けなくても、これ以降の内容を読むのに支障はありません。

演習9-1

$\pi^4/90 = 1/1^4 + 1/2^4 + 1/3^4 + 1/4^4 + 1/5^4 + 1/6^4 + \cdots\cdots$

という公式があります（不思議ですね！）。これを使って、πの値を求めてください。

【ヒント】216ページのコマンド11を流用・改造しましょう。4乗根は「sqrt」を二重にすればOK。「seq」は30くらいまででOKです（それで十分な精度が出ます）。

演習9-2

以下のコマンドを順に試してください。

```
$ echo Linux is wonderful!
$ echo Linux is wonderful! | awk '{print toupper($0)}'
$ echo Linux is wonderful! | awk '{gsub("Linux","Unix"
,$0); print $0}'
$ echo Linux is wonderful! | awk '{print substr($0, 3, 11)}'
```

【コメント】前章の演習問題で、これらと同じ結果になるコマンドを体験しましたね。そのときは、「tr」「sed」「cut」という3種類のコマンドを使い分けました。ところが「awk」はそれらをすべて代行できるのです！

第10章 定番のテキストエディターvi

すでに述べましたが、Unixでは、情報はなるべくテキストファイルで管理する、という思想があります。テキストファイルは、ざっくり言えば文字の羅列です。その書式（文字コード）は世の中で標準化されていますので、Unixであろうがなかろうが、ほとんどのコンピュータで手軽に読み書きできます。それに対して、テキストファイルでないバイナリファイルは、情報を直接的に数値に対応させて表現しますので、その書式はまちまちであり、読み解くのに特別なソフトウェアを必要としたりします。そういう面倒を避けるために、できるだけテキストファイルを使おう、というのがUnixの思想です。実際、たとえば、システムの設定ファイル、ウェブサイト（ホームページ）のHTMLファイル、各種のデータ、そしてプログラムのソースコードや後述するシェルスクリプトなどがテキストファイルとして記述されます。

したがって、Unixでは、テキストファイルを手際よく扱うことがとても大切です。特に、大きなテキストファイルから特定の情報を抽出・整形したり、定型化された処理を繰り返すには、先ほど学んだ、ワンライナーや「awk」が大変便利です。しかし、テキストファイルの中身を見ながら修正を加えたり、新たなテキストファイルをゼロから作ったりするときは、むしろワープロのように、画面上のテキストをキーボードで自由にいじれるソフトのほうが便利ですね。そういうソフトのことを**テキストエディター**と呼びます。

質問 **ワープロソフトとテキストエディターってどう違うのですか？**

答 テキストエディターは小さなワープロと思って構いません。世間でよく使われるワープロソフト（MS-OfficeのWordとか）は、文書をいろいろなふうに飾ることができますね。フォントのスタイルを変えたり文字を大きくしたり色を付けたり画像を挿入したり。そういう「飾った文書」は、それ専用のデータ形式（フォーマット）のファイルです（いわゆるdocファイルとかdocxファイルなどですね)。一方、テキストエディターには、そういうふうに文書を飾る機能はありません。文書を単なる「文字の集まり」として認識し、それを編集する（文字を消したり追加したりする）ためだけのソフトです。

質問 **ということは、ワープロソフトはテキストエディターより優れているってこと？**

答 そうとも限りません。確かにワープロソフトでもテキストファイルを編集できるので、ワープロソフトをテキストエディターとして使うことは可能です。でも、ワープロソフトには、余分な機能がたくさんあるので、動作も遅いし、画面のスクロールも遅いし、何かと面倒くさいのです。テキストエディターは、テキストファイルを編集するということだけに特化した、切れ味の鋭い道具なのです。

質問 **テキストエディターって、Unixならではのソフトですか？　MacやWindowsでも聞いたことありますが。**

答 Unix以外のOSでもテキストエディターはたくさんあります。ただ、それらのOSよりも、Unixのほうが、たくさんテキストファイルをいじる機会があるので、Unixのテキストエディターは、独自の発展をしてきています。それが次節で学ぶviというテキストエディターです。

老舗のテキストエディターvi

さて、テキストエディターにもいろいろありますが、Unixでは**vi**（ヴイアイ）が長年定番のテキストエディターです。viの入っていないUnixはほとんどありません。そこで、これからあなたにはviを少し学んでいただこうと思います。ところがここで、ちょっと困ったことがあります。viは他のテキストエディター（たとえばWindowsのメモ帳など）とは大きく違う、独特の使用感を持っている、「変なテキストエディター」です。あなたがこれまで使い慣れたテキストエディターがあるならば、ここではそのイメージを捨てて、全く別の操作感のテキストエディターを学ぶつもりで先を読んでください。

何はともあれ、とりあえずviを使ってみましょうか。実は、viには、ざっくり言って「使いにくいvi」と「使いやすいvi」があります。前者は、昔からあるviです。後者はそれを拡張して使いやすくしたものです。Ubuntu Linuxでは、前者はvim-tiny、後者はvimと呼ばれます。Ubuntu Linuxをインストールした直後は、viはvim-tinyになっていることが多いです。そこで、使いやすいvi（つまりvim）をインストールしましょう。次のコマンドを打ってください。

コマンド01
```
$ sudo apt-get install vim
```
パスワードを聞かれるので答えてください

もしこれがうまくいかなかった場合は、「使いにくいvi」で我慢してください。

ではいよいよviを使ってみます。ここでは、「vitest」という名前のファイルを編集しましょう。次のようなコマンドを打ってください。

コマンド02
```
$ vi vitest
```

すると、シェルの画面（今まで打ち込んだコマンドやプロンプトが残っている画面）が消えて、左端に~の記号が縦にずらっと並んだ画面に切り替わります（図10-1）。今、あなたはviの世界の中に入ったのです。

この画面の上で、テキストファイルを編集していくのです。viを使うのをやめて、シェルの画面に戻るには、「:q」

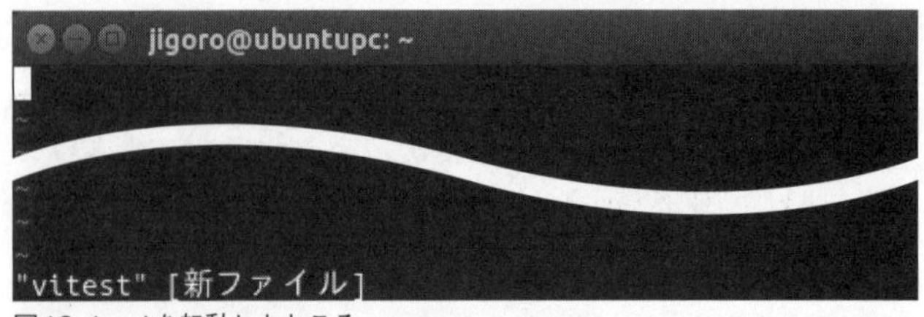

図10-1　viを起動したところ

を打って［Enter］を押します。やってみましょう。元の画面に戻りましたか？

このように、viを起動するには、

```
$ vi 編集したいファイル名
```

というふうにします。編集したいファイル名を省略して、

コマンド03　`$ vi`

と打つだけでも起動しますが、その場合どうせあとからファイル名をviの中で設定しなければなりません。それが面倒なので、私は滅多にコマンド03のような使い方はしません。

では、もう一度、コマンド02を打ってください。そうやってviに入った直後には、あなたは「**コマンドモード**」にいます。コマンドモードとは、テキストの一部を削除したりコピー・ペーストしたり、ファイルを保存したりviを終了したりすることができるモードのことです。

viには、コマンドモードとは別に、もう1つのモードがあります。それは「**挿入モード**」です。テキストの内容をキーボードで直接打ち込んだり書き換えたりするのは「挿入モード」でおこないます。この2つのモードを行ったり来たりしながら使うのです。

では挿入モードに入ってみましょう。ターミナルの中の左下に注目しながら、**キーボードで［i］を押してください**。すると、

-- 挿入 --

とか、

-- INSERT --

という表示が画面の左下に現れるでしょう。

この表示が現れているときが「挿入モード」です。このとき、画面上で自由に文字を入力できます。試しに「123」と打ってみてください。するとターミナル内の左上に「123」という文字列が現れますね。あなたは今まさに、このテキストファイルを入力編集しているところです（図10-2）。

最初は思うとおりにいかなくてイライラするでしょうけど、失敗しても構いません、とにかく慣れてください。コツを教えてあげましょう。

・操作に行き詰まったら［Esc］キーを押して、コマンドモードに戻る
・その上で、1文字削除は「x」、1行削除は「dd」。これらを駆使して、不要な部分を消す
・消しすぎた！　などの誤操作は「u」で元に戻せる
・不要な部分を消し去ったら、書き換えたいところまでカーソルを移動し、［i］キーを押して挿入モードに入り、挿入

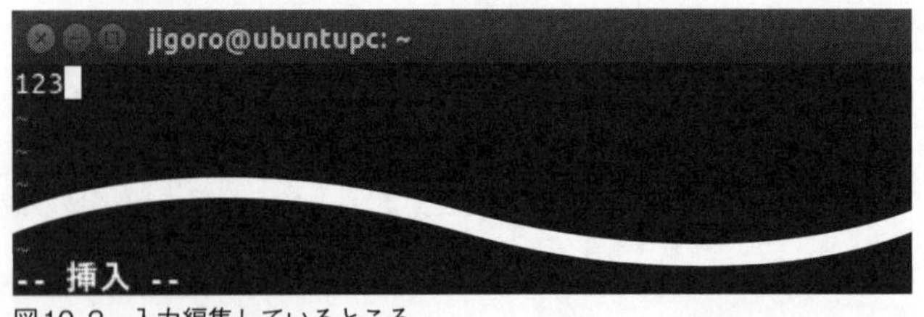

図10-2　入力編集しているところ

したい内容を打ち込む

ということです。これを繰り返せば、だんだん慣れてくるでしょう。

「123」という文字が打てましたか？　では、キーボードの左上の［Esc］キーを押してください（間違えて隣の［半角/全角］キーを押してしまったら、もう一度［半角/全角］キーを押してください）。すると、さっきまで出ていた左下の「-- 挿入 --」とか「-- INSERT --」という表示が消えました。

この状態で、「:w」と打って［Enter］を押してください。すると、

"vitest" [新] 1L, 4C 書込み

とか、

"vitest" [New] 1L 4C written

という表示が出ます。今あなたは、「vitest」というファイルを新しく保存したのです。では次に、「:q」と打って［Enter］を押してください。これはviを終了するコマンドでしたね。すると、viの画面が終わり、シェルのプロンプト（$）に戻るでしょう。

今作ったファイルを確認してみましょう。以下のように打ってください。

コマンド04
```
$ ls -l vitest
```

```
-rw-rw-r-- 1 jigoro jigoro 4  7月 26 16:25 vitest
```

コマンド05 `$ cat vitest`

```
123
```

コマンド04では、「vitest」というファイルができていることが確認され、コマンド05では、その内容が「123」であるということが確認できましたね。

今、あなたは、ほんの少しではありますが、viを使ったテキストファイルの作成を体験したわけですが、いかがでしょう？　入力するときは［i］キーを押しましたが、そのとき、viは「挿入モード」へ移行しました。挿入モードでは、キーボードで打つことはほぼすべて（［Esc］キー以外）、テキストの内容として解釈されます。保存や削除、終了などの操作をやりたいときは、［Esc］キーを押すことで「挿入モード」から脱出し「コマンドモード」に移行します。コマンドモードでは、キーボードで打つことはテキストの内容ではなく、保存や削除、終了などの操作であると解釈されます。このような操作は、視覚的・直感的な考え方よりもむしろ、論理的な考え方を要求するので、初心者にはとっつきにくいかもしれません。

質問 vi、使いにくいです！　普通にGUIでワープロみたいに編集するほうが好きです。

答 やっぱりそうですか……。viを使えるようになるには、だいぶ慣れが必要でしょう。私の友人は、学生にviを教えるときに、「とにかくわからなくなったら［Esc］キーを連打せよ！」と言うそうです。

では課題です。viを使って、「address.txt」というファイル名で次のような内容（筆者のいる筑波大学の住所です。ごめんなさい！）のファイルを作成して保存してください。

University of Tsukuba,
1-1-1 Tennoudai, Tsukuba, Ibaraki, Japan 305-8572

まずは

コマンド06
```
$ vi address.txt
```

ですね。そして［i］キーを押して挿入モード。そのあとは自由に打っていってください。打ち間違えたら、［Esc］キーでコマンドモードに移行して、間違えたところを「x」や「dd」で消去すればOKです。カーソルを動かしたい場合は［←］［↑］［↓］［→］（カーソルキー）が使える場合もありますが、使えない場合もあります。使えない場合は、キーボードの［h］［j］［k］［l］がそれぞれ［←］［↓］［↑］［→］の代わりになります。入力の途中でも、節目節目に［Esc］キーでコマンドモードに戻って「:w」と打ちましょう（こまめに保存！）。できあがったら［Esc］キーを押して「:w」で保存、「:q」で終了してください。最後に、

コマンド07 `$ cat address.txt`

で、入力した内容がうまく表示されれば万歳！　です。お疲れ様。

質問 **以前、echoコマンドでテキストファイルを作りましたが、viを使ってテキストファイルを作るのと、どう違うのですか？**

答 echoコマンドでもテキストファイルは作れますが、作ったあとの修正や編集ができません。ですので、実際は、echoコマンドでテキストファイルを作ることはあまりありません。

まとめ　viは極め付きの頑固者、だけど慣れれば頼もしい味方

vi、いかがでしたか？　私としては、読者の皆さんからの不満の声が聞こえてきそうです。大学でUnixを教えていても、学生が最も戸惑うポイントの一つはviです。実はUnixには、viよりも直感的に操作がしやすいemacsという、もう1つの老舗のテキストエディターがあり、かつてはこちらを使いたがる学生もいました。viの課題をemacsでやろうとする学生を咎めたら、「なんでemacsじゃダメなんですか？」と反論されたこともあります。

もちろん、emacsもよいテキストエディターですし、Ubuntuには他にもnanoやgeditという名前の、使いやすいテキストエディターもあります。なのになぜviを学ぶのか

というと、繰り返しになりますが、vi（特に、「使いにくいvi」）は、どんなUnixにも入っている、とてもよく枯れたソフトだからです。

　また、GUIのテキストエディターは便利ですが、GUIは多くの資源（メモリや計算性能）を必要としますので、それらが使いにくい環境（手のひらサイズの小さなマシンや、ネットワーク越しに接続されたマシン、どこかが故障しかけて瀕死の状態のマシンなど）では使えません。その点、viはCUIで動くし、とても軽いので有利です。

　viは、巨大なファイルも編集できます。他の多くのテキストエディターは、対象となるファイルをすべてメモリに読み込まねばならないため、巨大なファイルを扱うときにフリーズしたり停止したりすることがあります。viにはそういうことがあまりありません。10万行もあるテキストファイルの、後半5万行を削除する、などということも、viならさくっとできてしまうのです（コマンドモードで「:50001」と打って[Enter]、そして「dG」と打てばおしまいです）。

　ですから、viのスキルは、汎用性が高いのです。viはなかなか言うことを素直に聞いてくれない頑固者ですが、使い慣れれば非常に忠実かつ強力に働いてくれる、頼もしい味方になるのです。viを使い込んだ人（Unixのエキスパートに多い）は、「viほど優れたテキストエディターはない！」などと言います。私ですか？　私はそこまでviが好きというわけではありませんが、いちばんよく使うテキストエディターはviです。他にも前述のgeditもよく使います。用途によって使い分けるのです。

チャレンジ！

本章で学んだ知識を応用し、理解を深める演習問題です。解けなくても、これ以降の内容を読むのに支障はありません。

演習10-1

(1) 次のコマンドで、1から50万までの数を並べたテキストファイルを、「number.txt」という名前で作りましょう。

```
$ seq 1 500000 > number.txt
```

(2) viで「number.txt」を開いて最終行を消去してみましょう。最終行に行くには、コマンドモードで［G］です。1行の削除は「dd」です。「保存して終了」は「:wq」でしたね。

(3) 同じことをgeditというテキストエディターでやってみましょう。geditの起動は

```
$ gedit number.txt
```

でOKです。もしコマンドが見つかりません、というようなエラーが出たら、

```
$ sudo apt-get install gedit
```

でインストールしましょう。

(4) (2) と (3) を比べると、どちらのほうが軽快でしたか？

(5) もし (1) ～ (4) がさくっと終わってしまったら、同様の操作を、1から100万まで、1から1千万まで、1から1億までなどにしてやり直してみましょう。そのうち (3) で「遅すぎて耐えられん！」と思うでしょう。そうなったらやめましょう。

【コメント】 geditはGUIで使いやすいエディターですが、巨大なファイルに対してはviのほうが有能であることがわかるでしょう。

さて、ここまでいろいろなコマンドとその使い方を学び、ワンライナーという強力な道具まで手に入れました。思い返せば、それらはそもそも、Unixのキャラクター・ユーザー・インタフェース（CUI）、つまりシェルのおかげでできたことです。シェルって素晴らしいですね！

しかし、実際にシェルを使っていろいろな作業をしていると、思いがけないトラブルやエラーに出合うことがたくさんあります。そういったものを回避するには、シェルの背後にある仕組みについて知る必要があります。そういうことを知ると、改めてUnixってよくできているなあ、と感じられるのです。

本章では、そういう「仕組み」について少しお話しします。ちょっとマニアックで難しそうだと思うかもしれませんが、大丈夫です。逆に、仕組みを知ることで、「ああ、そういうことだったのか」と理解が深まり、今までの体験や知識があなたの中で整理され、すとんと腑に落ちるでしょう。

コマンドの実体

シェルの上で走るコマンドは、多くの場合、それぞれが独立したプログラムというか、ソフトウェアです。実は1つのコマンドに対して、ディレクトリ・ツリーのどこかに、その実体（プログラムを格納した実行可能ファイル）が1つ存在するのです（例外もありますが、それは後述します）。といっても、普段はそんなことは意識せずにコマンドを使いますよね。でも、ときにはそれを意識する必要が出てくることがありますし、そういうことが意識できるようになると、Unixやシェルの仕組みがよりわかりやすくなります。

コマンドの実体を調べるには、「**which**」というコマンドを使います。たとえば、lsコマンドの実体はどこにあるか、調べてみましょう。

コマンド01
```
$ which ls
```

```
/bin/ls
```

どうやら「/bin」というディレクトリにある「ls」というファイルがそれのようです。確認してみましょう。

コマンド02
```
$ ls -l /bin/ls
```

```
-rwxr-xr-x 1 root root 126584  2月 18 22:37 /bin/ls
```

確かにそのファイルがありましたね。このファイルのパーミッションを見てください。「-rwxr-xr-x」となっています。所有者・グループ・その他ユーザーのすべてに、「x」パーミッション、つまり実行許可が出ていますね。このように、パーミッションに実行許可が与えられているファイルを

「実行可能ファイル」と言います。文字どおりですね。あなたが「ls」コマンドを打つたびに、この「/bin/ls」という実行可能ファイルが実行されていたのです。

では、第9章で活躍したawkコマンドはどうでしょう？

コマンド03
```
$ which awk
```

```
/usr/bin/awk
```

「ls」とはちょっと違って、「/usr/bin」というディレクトリにありましたね。では、「reboot」と「adduser」というコマンドはそれぞれ、どうでしょう？

コマンド04
```
$ which reboot
```

```
/sbin/reboot
```

コマンド05
```
$ which adduser
```

```
/usr/sbin/adduser
```

それぞれ、「/sbin」と「/usr/sbin」というディレクトリにありましたね。

実は、ほとんどのコマンドの実体は、これらの4つのディレクトリ「/bin」「/usr/bin」「/sbin」「/usr/sbin」のどれかの中にある、コマンドと同名の実行可能ファイルです。

質問 なぜ4ヵ所に分散しているのでしょう？

答 これは、受験のときにお世話になった、英単語集に似ています。たくさんの英単語が、重要度とかシチュエーションに応じて、いくつかの章に分類されていましたよね。Unixのコマンドも、英単語ほどではありませんがたくさんあって、それぞれ重要度というか、立ち位置があります。ざっくり言うと、「/bin」と「/sbin」に入っているのは、ほとんどのLinuxが共通して持っている基本的なコマンドです。「/usr/bin」と「/usr/sbin」に入っているのは、もうちょっとユーザー寄りというか、ディストリビューションや設定や構成によって、入れたり入れなかったりというコマンドです。「bin」の前に「s」が付いているディレクトリ、つまり「/sbin」と「/usr/sbin」には、システムの管理にかかわるコマンドが入ります（「sbin」の「s」はsystemのsなのでしょう）。ちなみに「reboot」はコンピュータを再起動させるコマンドで、「adduser」は新規にユーザーを登録するコマンドです。

シェル自体も1つのコマンド

シェルはコンピュータ（Unix）の上の仕組みなので、実は、シェル自体も、それを動かしているプログラムというかソフトウェアというかコマンドがあるはずです。それを探してみましょう。以下のように打ってみてください。

```
コマンド06   $ echo $SHELL
```

```
/bin/bash
```

このコマンドは、SHELLという名前のシェル変数の内容を表示せよ、という意味です（シェル変数とは、シェルの中で情報を記録しておく箱のようなものでしたね)。でも、あなたはSHELLという名前のシェル変数なんか作りましたっけ？　そんな記憶はありませんよね。実は、このシェル変数は、あなたがコンピュータを立ち上げたときに、あなたの知らぬ間に自動的に作られていたのです。このシェル変数には、現在あなたが使っているシェルが何なのかが記録されています。どうやら「/bin/bash」というのがその答えのようですね。これは見るからに何かのファイルの絶対パスのようです。そいつを調べてみましょうか。

コマンド07
```
$ ls -l /bin/bash
```

```
-rwxr-xr-x 1 root root 1037528  6月 25 00:44 /bin/bash
```

いかがですか？　「/bin/bash」という実行可能ファイルが実際にありましたね。これが、あなたが使っているシェルの実体です。あなたがシェルでコマンドを打ったり結果を眺めたりしている間、実は、コンピュータの中でこいつがずっとあなたのために働いていたのです。先ほど学んだように、「/bin」は、多くのLinuxに普遍的なコマンドが入るディレクトリです。「/bin/bash」はほとんどのLinuxに入っているのです。

質問 ということは、シェルは「$ bash」というふうに、コ

マンドとして実行できるのですか？

答 できますよ。やってみてください！　すると、何も表示されず、無言でプロンプトに戻るかもしれませんが、実は、このとき、これまで使っていたシェルとは別に、新たにシェルを立ち上げ、その中に入ったのです。「$ exit」と打てば、元のシェルに戻ります。

シェルにはいろいろある

私達が使っているシェルの実体は、前節で見たように、「/bin/bash」でした。実はこれは、世の中にたくさんあるシェルの一種にすぎません。「/bin/bash」以外にも、いろいろなシェルがあります。

「/bin/bash」は、「**bash（バッシュ）**」と呼ばれる、有名なシェルです。正式には、Bourne-again shellと言います。bashはもともと、**Bourne shell**と呼ばれるシェルから派生して生まれました。Bourne shellは、米国のBourne（ボーン）さんという人が1970年代に作りました。これは大変広く普及したため、今でも多くのUnixに入っています。あなたのLinuxにも入っていると思いますよ。ちょっと探してみましょう。多くの場合、Bourne shellは「/bin/sh」という絶対パスのファイルです。

コマンド08
```
$ ls -l /bin/sh
```

```
lrwxrwxrwx 1 root root 4  7月  5 12:29 /bin/sh -> dash
```

ありましたね！　しかしよく見ると、末尾に「 -> dash」と書かれていたりしますが、ここはディストリビューションや設定によって違うし、ちょっと面倒な話なので、今はあまり気にしないでください。

ではちょっとご先祖様のBourne shellを使ってみましょうか。以下のように打ってみましょう。

コマンド09　`$ sh`

すると、プロンプトの雰囲気がちょっと変わるかもしれません。ここで、「ls」や「date」などのコマンドを打ってください。普通に打てますよね？　では、コマンドの履歴機能はどうですか？　キーボードの［↑］キーで、前に打ったコマンドを読み出せますか？　私のUbuntuやRaspbianでは、うまくいかずに、代わりに

```
$ ^[[A
```

のような変な表示が出てきました（ディストリビューションや設定によってはうまくいくこともありますが）。実は、Bourne shellでは、この機能は使えないのです。この機能はbashになって新たに装備された機能なのです。このように、bashのほうが高機能で使いやすいので、bashに戻りましょう。それには、

コマンド10　`$ exit`

と打てばOKです。

世の中には、他にもさまざまなシェルがあります。代表的

なところでは、zshやtcshというものがあります。特にtcshはbashに劣らずポピュラーで、特に、Linux以外のUnixではよく使われています。ちょっと前のMac OS Xも、tcshが標準的なシェルだったそうです（今はbash）。

ここで困ったことが起きます。シェルが違うと、使い方（コマンドや機能）がちょっと違うことがあるのです。特に、bashとtcshの違いは結構大きいです。「ls」や「cat」「date」などのコマンドは概ね共通ですが、たとえばforループ（ワンライナーの章で学びましたね）は、tcshでは使えません（代わりにforeachというのを使います）。

これは、初心者が陥りやすい罠です。**ネット検索で調べたコマンドがうまく走らない、とか、ちょっと古めのUnixのテキストに書いてあることがうまく動かない、ということがよくあるのですが、その原因はシェルの違いであることが多いのです**。ですから、それっぽいトラブルに出合ったら、「もしかしたらシェルの違いかな？」と思ってください。

ちなみにbashはBourne shellの拡張版ですから、Bourne shellで使えることはbashでも使えると考えて概ねOKです（逆は危ないです）。また、Linuxでは多くがbashであり、Linux以外のUnixでも最近はbashが多いので、特にこだわりがなければbashを使い続けるのが得策でしょう。本書も、bashを前提として書いています。

質問 以前、「Unixのコマンドは何十年たっても使える」って言ってたけど、ちょっと話が違いますよね？

答 ごめんなさい、これは私もだいぶ弱りました。一応、tcshもBourne shellも、今でも使えますから、それらの知識が無駄になるわけではありません。ただ、ここに混乱の原因があるのは事実です。特に、初心者にはちょっときつい罠ですね。初心者は、シェルとは何かとか、シェルにもいろいろある、ということを知りませんから。ですから、初心者のうちは、古い本を読まないで、新しい、自分の環境に合った本を読むようにしましょう。

質問 tcshを使ってみたいけど、どうすればいいですか？
答 普通に

コマンド11
```
$ tcsh
```

と打ってみてください。それでプロンプトの様子が変わったら、tcshに入っています。そうならずにエラーメッセージが出たら、おそらくあなたのLinuxにはtcshが入っていません。UbuntuやRaspbianでは、最初はtcshは入っていないようですので、以下のようにして自分でインストールする必要があります（ネットに接続しておこなってください）。

コマンド12
```
$ sudo apt-get install tcsh
```
パスワードを求められるので、入力してください

インストールがうまくいけば、コマンド11をもう一度試してみてください。tcshから抜け出るには「exit」と打てばOKです。

 シェルの組み込みコマンドは実行可能ファイルを持たない

先ほど、「ls」や「awk」などのコマンドの実体（実行可能ファイル）を調べましたね。同じようなことを、cdコマンドについて調べてみましょう。

コマンド13　`$ which cd`

```
jigoro@ubuntupc:~$
```

あれ？　何も出てきません……実は、「cd」は特別なコマンドで、cdコマンドを走らせるため（だけ）のプログラム（というか実行可能ファイル）が存在しないのです。代わりに、bashが自分の中にcdコマンドを持っています。「cd」はbashが自分自身の機能の一つ、言い換えればbashというシェルの「付属品」なのです。このようにシェルの付属品であるようなコマンドを、**シェルの「組み込みコマンド」**と言います。このようなコマンドは、先ほど述べた「1つのコマンドに1つの実行可能ファイル」という原則の例外なのです。

bashの組み込みコマンドにはどのようなものがあるのでしょうか？　「help」というコマンドで調べることができます。試してみましょう。

コマンド14　`$ help`

```
GNU bash, バージョン 4.3.46(1)-release (x86_64-pc-linux-gnu)
これらのシェルコマンドは内部で定義されています。`help' と入力して一
ください。
`help 名前' と入力すると `名前' という関数のより詳しい説明が得られま
'info bash' を使用するとシェル全般のより詳しい説明が得られます。
`man -k' または info を使用すると一覧にないコマンドのより詳しい説明
。

 job_spec [&]
>
                                            if COMMANDS; then COMMANDS
                                            jobs [-lnprs] [jobspec ..
 case WORD in [PATTERN [| PATTERN]
 cd [-L|[-P [-e]] [-@]] [dir]
                                            readonly [-aAf] [name[=val
                                            return [n]
 exec [-cl] [-a name] [command [arg
 exit [n]
 export [-fn] [name[=value] ...] または e>      typeset [-aAfFgilrtu
 fc [-e ename] [-lnr] [first] [last]
 fg [job_spec]
 for NAME [in WORDS ... ] ; do COMMAND>  unset [-f] [-v] [-n] [name
 for (( exp1; exp2; exp3 )); do COMMAN>  until COMMANDS; do COMMAND
 function name { COMMANDS ; } または name>      変数 - 変数の名前とそ
 getopts optstring name [arg]            wait [-n] [id ...]
 hash [-lr] [-p pathname] [-dt] [name >  while COMMANDS; do COMMAND
 help [-dms] [pattern ...]               { COMMANDS ; }
jigoro@ubuntupc:~$
```

いろいろなコマンドが表示されるでしょう。その中に「cd」がありますね。シェルを終了させる「exit」コマンドもあります。ワンライナーで活躍した「for」もあります。

こういう細かいことを覚える必要はありません。ただ、ここで理解していただきたかったのは、**シェルで走るコマンドには2種類**あって、1つは独立したコマンド（実行可能ファイルを持ったコマンド）、もう1つはシェルの付属品（組み込みコマンド）、ということです。この違いは普段は意識しなくてもOKですが、シェルの役割や仕組みを理解するには避けて通れません。

質問 なんでそんなややこしいことになっているのですか？

全部のコマンドをシェルの付属品にする、あるいは、全部のコマンドをシェルから独立させる、というほうがすっきりしていいんじゃないですか？

答 そうとも限らないのです。Linuxはいろんな用途に使われるため、ある用途では必要なコマンドが、別の用途では不要（ハードディスク容量を喰うのでむしろ邪魔）、ということがありえます。でも、シェルは必要ですよね。なので、特殊な用途のコマンドはシェルとは切り離して、入れたければ入れ、入れたくなければ入れない、という選択肢をユーザーに与えるほうがよいのです。なら、全部のコマンドをシェルから切り離せばいいのでは？　と思うかもしれませんが、それはそれでうまくいかないのです。それは、次節以下を読めばわかっていただけると思いますが、簡単に言うと、シェルが各コマンドにアクセスすることが難しくなるような状況が起きたとき、シェルの組み込みコマンドが「命綱」のような働きをするのです。

環境変数は特別なシェル変数

さて、シェルは、ユーザーが快適にコンピュータを使うために頑張ってくれます。といっても、世の中にはいろいろな人がいるので、Aさんには便利で快適なことが、Bさんには不便で仕方ない、とか、その逆、というようなことがあり得ます。そこでシェルは、ユーザーの好みや要望にできるだけ沿えるように、多様な設定ができるようになっています。

たとえば我々日本人は、メッセージが日本語で出てくると便利ですが、外国人はそうとは限りませんよね。ですから、シェルは、メッセージをさまざまな言語で提供できるようになっています。ただしそのためには、たとえば日本語でメッセージを読みたい人は、シェルに、「私は日本語を希望します！」という情報を与えておかねばなりません。それを担うのが「**環境変数**」という仕組みです。

環境変数は、特殊なタイプのシェル変数（以前学びましたね！）です。環境変数は、シェルの設定などに関する情報を格納しています。あなたのシェルにどのようなシェル変数（環境変数も含めて）があるかは、「set」というコマンドで調べることができます。試してみましょう。

コマンド15　`$ set | less`

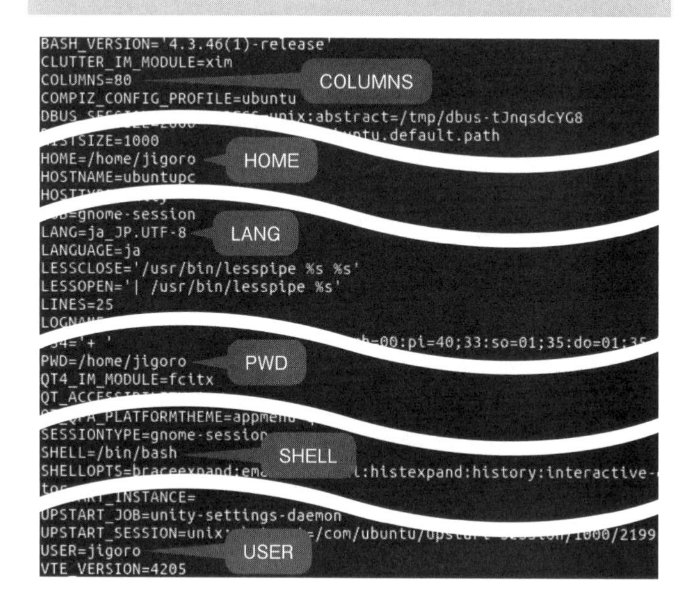

なんだかたくさん出てきますね。その中でも、わかりやすいものだけを前ページに例示しました。あなたの環境では、これらとは違った値が出てくるかもしれませんが、そういうのはLinuxでは毎度のことなのであまり気にしないで構いません。「less」を終わらせるには、キーボードで［q］を押してください。

上の例で、たとえば「COLUMNS」というのは、今開いている端末のウィンドウの横幅（文字数）です。試みに、端末のウィンドウを少し狭めたり広くしたりして、コマンド15を再び打ってみてください。「COLUMNS=」のあとに出てくる値が、最初とは違ったものになるでしょう。

「HOME」というのは、あなたのホームディレクトリの絶対パスを格納する環境変数です。「LANG」は、あなたの環境がどの言語を選択しているか（上の例では日本語）という情報を格納しています。第8章や第9章で、ターミナルの表示を英語にするために、「$ LANG=C」というコマンドを打ったことを覚えていますか？　あれはこの変数をいじっていたのです。「PWD」「SHELL」「USER」は……もうわかりますね。それぞれ、カレントディレクトリの絶対パス、シェルの実行ファイル、そしてユーザー名です。「SHELL」は先ほど、コマンド06（238ページ）で覗いてみましたね。ああいうふうに、個々のシェル変数・環境変数の内容を表示するには、echoコマンドを使えばいいのです。シェル変数・環境変数の中身を見るときは「$」という記号を頭に付けて指定するのでした。 たとえば、「HOME」という名前の環境変数には、ホームディレクトリの絶対パスが入っていますが、それを表示するには、

```
$ echo $HOME
```

とすればよいのです。

さて、ここでちょっとイタズラをしてみましょうか。以下のようなコマンドで、HOMEという環境変数を、書き換えてしまうのです。

```
コマンド16  $ HOME=/
```

その上で、

```
コマンド17  $ cd
```

```
コマンド18  $ pwd
```

としてみてください。何が起きるでしょうか？　そして、なぜそんなことが起きてしまったのでしょうか？　そんなに難しくありませんから、考えてみてください（ヒント：コマンド16によって、あなたのシェルは、あなたのホームディレクトリが、/つまりルートディレクトリだと勘違いしてしまいます。そしてコマンド17は、86ページのコマンド10で紹介した「ホームディレクトリに戻れ」というコマンドでしたよね）。これがわかると、Unixって面白い、とか、案外Unixって可愛いな、と思えることでしょう。

コマンドのありかはコマンドサーチパスで管理

もしコマンド16、17、18をやってしまったなら、いったんそのターミナルは閉じて、ターミナルを立ち上げ直してください（でないと、ホームディレクトリがどこなのか混乱したまま以後の作業をすることになってしまいます！）。

さて、先ほど「which」というコマンドで、さまざまなコマンドについてそれらの実体である実行可能ファイルを探すことができました。でも、それはどうやって探していたのでしょう？　コンピュータの中にはすごくたくさんのファイルがありますが、その中から、「ls」とか「awk」という実行可能ファイルを素早く見つけるには、何か仕掛けがあるのでは、と思いませんか？　あるのです。シェルは、コマンドの実体が入っている可能性の高いディレクトリに関する情報を、あらかじめ把握しているのです。ですから、ディレクトリ・ツリーをしらみつぶしに探しに行かなくても、「ls」や「awk」の実行可能ファイルをすぐに探し出せるのです。

その情報を「**コマンドサーチパス**」といいます。コマンドサーチパスは、「PATH」という環境変数に格納されています。中身を見てみましょう。

コマンド19
```
$ echo $PATH
```

```
/usr/local/sbin:/usr/local/bin:/usr/sbin:/usr/bin:/sbin:/bin
```

ここでいくつかの絶対パスが、「:（コロン記号）」で分かち書きされて並んでいます。これらをバラバラにすると、順

に、

/usr/local/sbin
/usr/local/bin
/usr/sbin
/usr/bin
/sbin
/bin

となります。シェルは、上記の6つのディレクトリの中を順番に探して、実行可能ファイルを見つけるのです。

質問 この6つのうち4つは、さっき出てきた「/bin」「/sbin」「/usr/bin」「/usr/sbin」ですね。それらの中にたくさんコマンドが入っているということはわかります。でも、残りの「/usr/local/bin」と「/usr/local/sbin」って何ですか？

答 立ち位置的には、「/usr/local/bin」（と「/usr/local/sbin」）は、ユーザーの特殊な要望に応えるためのコマンドを入れるところです。コマンドを、普遍的なもの（どんなLinuxにも入っているコマンド）から特殊なもの（用途に応じて入れたり入れなかったりするコマンド）に段階的に分類して、順に、「/bin」「/usr/bin」「/usr/local/bin」に入れておくのがUnixの文化です。ところで、「/usr/local/bin」や「/usr/local/sbin」には何かファイルは入っていますか？もしあなたが使っているのが自前のLinuxマシンなら、おそらく、ほとんど空っぽでしょう。そこはあなたが自前のソフトを入れていくところなので、あなたが意図して何か入れようとしない限り、ずっと空っぽなのです。

さて、またここでイタズラをしてみましょう。先ほどは「PATH」という環境変数に、「コマンドサーチパス」が入っているということを学びました。シェルはここを参照して、ユーザーの打ったコマンドの実体である実行可能ファイルを探すのです。ということは、この「PATH」という環境変数を破壊してしまえば、コマンドは実行できなくなるのでしょうか？　そのとおりです！　やってみましょう！

質問 ちょっと！　なんて危ないことをさせるんですか？コマンドが実行できなくなったら困るじゃないですか！

答 大丈夫です。コマンドが実行できない以外にも何か問題が起きるかもしれませんが（WiFiが使えなくなるとか）、さっきのように、最後にターミナルを終了させてターミナルを立ち上げ直すと、元に戻ります。

まず、「PATH」という環境変数を空白にしてしまいましょう。

コマンド20
```
$ PATH=" "
```

そして、lsコマンドを実行してみましょう。

コマンド21
```
$ ls
```

```
コマンド 'ls' は '/bin/ls' で利用できます
'/bin'がPATH環境変数に含まれていないためコマンドを特定でき
ls: コマンド が見つかりません
```

エラーメッセージが出ました。案の定、実行不可能なようです。これは、lsコマンドの実体である実行可能ファイルのありかをシェルが見失い、lsコマンドを起動できないからなのです。ではcdコマンドを実行してみましょう。

コマンド22　$ cd /

```
jigoro@ubuntupc:/$
```

あれ？　エラーメッセージが出ませんね。実はcdコマンドは使えるのです。これは、先ほど述べたことで説明できます。cdコマンドはシェルの組み込みコマンドでした。いわば、シェルの付属品であり、単体でどこかに実行可能ファイルがあるようなコマンドではないのです。ですから、コマンドサーチパスが破壊されても、シェルはcdコマンドを見失ったりはしないのです。

さて、実はこの状態でも、ちょっと工夫すれば、lsコマンドも使えるようになります。以下のように打ってみてください。

コマンド23　$ /bin/ls

```
bin    dev   initrd.img  lost+found  opt   run   srv   tmp  vmlinuz
boot   etc   lib         media       proc  sbin  sys   usr
cdrom  home  lib64       mnt         root  snap  test  var
```

いろいろ出てくる

コマンド21とコマンド23の違いは何でしょう？　前者は

コマンドの名前だけを打ってダメでしたが、後者はコマンドの実体である実行可能ファイルの絶対パスを打ってうまくいきました。コマンドサーチパスが破壊されていても、このように、人間がその実行可能ファイルの場所（パス）を明示的にシェルに教えると、そのコマンドはちゃんと動くのです。

では、ターミナルを閉じて抜け出しましょう。そのコマンドは次になります。

コマンド24
```
$ exit
```

今度もエラーが出ないでうまくいきましたね。なぜでしょう？　exitコマンドも「cd」と同じようなbashの組み込みコマンドなので、コマンドサーチパスとは無関係に動くのです。

シェルスクリプトは シェルのコマンドで作るプログラム

本章の最後に、「シェルスクリプト」というとても大切な概念のお話をしたいと思います。

複数のコマンドを、テキストファイルにまとめて実行することができます。つまり、複数のコマンドを順々に組み合わせ、一連のまとまりのある処理として、1つのプログラムのように仕立て上げることができます。それを**シェルスクリプト**と呼びます。例として、viを使って「test.sh」という名の簡単なシェルスクリプトを作ってみましょう。

コマンド25
```
$ vi test.sh
```

［i］キーで挿入モードに入り、以下の内容を打ち込んでください。

```
ls
pwd
date
```

終わったら、［Esc］キーを押して、「:wq」と打ち、［Enter］キーを押して保存・終了しましょう。

ここで、ファイル名「test.sh」の拡張子「.sh」は、「sh」というシェルで実行されるシェルスクリプトである、というしるしです。これは「そうしなければダメ」というものではなく、慣習です。次に、このファイル「test.sh」に実行権限を与えます。

```
コマンド26  $ chmod +x test.sh
```

これでシェルスクリプトができました。ではこれを実行してみましょう。

```
コマンド27  $ ./test.sh
```

```
kodansha  ダウンロード  デスクトップ  ビデオ   ミュージック
test.sh   テンプレート  ドキュメント  ピクチャ  公開
/home/jigoro
2016年  7月 27日 水曜日 14:15:45 JST
```

いかがですか？　コマンド27の結果、「ls」の出力（1～2行目）と「pwd」の出力（3行目）、「date」の出力（4行目）が、続々と現れました。このように、シェルスクリプトは、あらかじめ記述されたコマンドをシェルが忠実に順々に実行していくプログラムなのです。

質問 なら、「シェルスクリプト」よりも「シェルプログラム」のほうがぴったりくる気がします。「スクリプト」ってなんですか？

答 「スクリプト」とは、「台本」を意味する英語です。シェルスクリプトは、シェルを演者とする劇の台本のようなものです。演者（シェル）は、台本（スクリプト）に書かれた演技（コマンド）を、順に忠実に実行していく、というイメージで捉えればよいと思います。ちなみにコンピュータの業界では、「簡単なプログラム」を「スクリプト」と呼ぶ雰囲気があります。

先ほど試したのは非常に単純なシェルスクリプトの例ですが、個々のコマンドをシェル変数と組み合わせ、さらにリダイレクトやパイプ、繰り返しや条件分岐などの処理を組み合わせることで、相当に複雑で大規模な処理を、シェルスクリプトにまとめることができます。

シェルスクリプトは、ワンライナーと並んで、大変に奥が深い世界です。Unixを自在に扱うエキスパートは、ワンライナーやシェルスクリプトを書くのが上手です。シンプルで小さな処理（コマンド）を組み合わせ、それをワンライナーやシェルスクリプトに仕立て上げることで、複雑・大規模な処理を、自由自在に効率よくこなすのです。

まとめ　シェルを活かすも殺すもユーザー次第

いかがでしたか？　シェルはCUI、すなわちコマンドを打ち込んで結果を返す仕組みですが、その舞台裏は結構柔軟だということがわかっていただけましたか？　その柔軟さ故に、ユーザーはいろいろな工夫やカスタマイズができるのです。たとえば、よくやる操作をまとめて1つのシェルスクリプトに仕立て上げ、そういうシェルスクリプト達をどこか特定のディレクトリに集めておき、そこのディレクトリへのパスを環境変数「PATH」に追加しておけば、それらのシェルスクリプトを、あたかも「cd」や「ls」などと同等の「Unixコマンド」として使えるのです。また、それらのシェルスクリプトを、自動的・定期的に実行することで、さまざまな便利なサービス（写真の自動定期撮影や、何かの機器の自動制御など）をコンピュータにさせることもできます（後ほど学びます）。

このような「柔軟さ」は、Unixの思想の一つです。ユーザーが何かをカスタマイズしたいと思えば、たいていの場合、シェルの環境変数をいじったり、どこかの設定ファイルをviエディターで書き換えれば、できるのです。しかしそれは見方を変えれば、どの環境変数が何を意味しているのか、とか、どこのファイルにどのような内容が設定されるのか、といった、こまごまとした知識やノウハウの「勉強」がユーザーに要求されるということでもあります。

そういうのが嫌だとか面倒くさい、という人には、Unixはあまり素敵には思えないでしょう。実際、世の中のさまざまな工業製品は、ユーザーが「勉強」しないでも、初見の状態で直感的に操作できるような仕組みになっているのが普通です。しかしそういう製品の多くは、ユーザーにカスタマイズの自由を与えません。ユーザーが「もうちょっとこうできたら便利なのに」という要望を持っても、「ごめんなさい、そういう仕様になっていないのでご了承ください」というわけです。

Unixは、それとは真逆のポリシーなのです。**徹底的に、設定可能・カスタマイズ可能な範囲を広くし、それをユーザーの手の届くところに広げておく**のです。その最も典型的な例が、シェルの柔軟さなのです。そして、Unixを「使いにくい」というユーザーに対して、Unixは、「それなら、どんどんあなた好みにカスタマイズしてくれていいのですよ？」という態度で開き直ってくるのです。なんとも大胆不敵ではないですか！

 チャレンジ！

本章で学んだ知識を応用し、理解を深める演習問題です。解けなくても、これ以降の内容を読むのに支障はありません。

演習11-1

すでに学んだように、「history」というコマンドは、これまで打ったコマンドの履歴を表示してくれます。でも、その履歴情報はどこにどのような形で保持されているのでしょう？　調べてみましょう！

(1) シェルの環境変数の中から、「history」に関係しそうなものを抽出してみましょう。以下のコマンドを打ってください。

```
$ set | grep HIST
```

(2) (1) の結果の中から、履歴情報が入っていそうなファイルを探してください。

(3) (2) で見つけたファイルをcatコマンドで表示してください。

(4) 履歴情報は何件遡れるでしょうか？　その値を変更するにはどうすればよいでしょう？

演習11-2

以下のコマンドを順に打って、結果を観察してみましょう。

```
$ ls
$ echo ls
$ echo ls | sh
```

【コメント】最後のコマンドは興味深いですね。このような「コマンドをパイプでシェルに渡す」という技は、あとの章で使います。

第12章 プロセスの管理と操作

ここまで主に学んできたのは、あなたのやりたい仕事をどのようにUnixに伝えるか、ということでした。では、あなたから頼まれた仕事を、Unixは内部でどのように処理しているのでしょうか？　本章では、その仕組みについて学びましょう。たとえていうなら、Unixの「バックヤード・ツアー」です。

質問 **私はとりあえずLinuxがちょっと使えるようになりたいだけなので、難しい仕組みとかは今は結構なのですが……。**

答 まあそういわずに。UnixやLinuxは、その内部をできるだけユーザーの目にさらそうという考え方で作られています（これはUnixやLinux以外の多くの機器が、「ややこしいことはユーザーには隠しておこう」とするのとは逆の発想です）。それがUnixのよさでもあるのです。少しでも仕組みを理解すれば、あなたはLinuxをより深く理解して効率的・効果的に使うことができるのです。

Unixはたくさんの処理を同時におこなっている

以前もお話ししましたが、Unixは、同時に複数の仕事を処理します。その仕組みを「マルチタスク」と言うのでした。実際に現在進行中の仕事は、次のコマンドで調べることができます。試してみましょう！

コマンド01　$ ps au

```
USER       PID %CPU %MEM    VSZ   RSS TTY      STAT START   TIME COMMAND
root      2173  0.2  3.2 319272 32784 tty7     Ss+  10:33   0:23 /usr/lib
root      2174  0.0  0.0  24020   780 tty1     Ss+  10:33   0:00 /sbin/ag
jigoro    5163  0.5  0.4  30608  4880 pts/0    Ss   13:30   0:00 bash
jigoro    5173  0.0  0.3  45444  3256 pts/0    R+   13:30   0:00 ps au
```

こんな表が画面に出てきましたね。大きすぎて上の方が画面から流れ去ってしまった場合は、マウスで戻すか、コマンド01にパイプでlessコマンド（144ページ）をつないでください（$ ps au | less）。

この表は、あなたのLinuxマシンが今まさに処理している仕事を、1行に1つという単位で示しています。この個々の行で示されている仕事を「プロセス」と言います。たとえば、最後の行

```
jigoro    5173  0.0  0.3  45444  3256 pts/0    R+   13:30   0:00 ps au
```

は、今まさに実行したコマンド01に対応するプロセスです。実際、この行の右端に、コマンド01がそのまま表示されていますね。

質問　コマンド01は、Unixの現在進行中の仕事を表示してくれるとのことですが、コマンド01自体はこの表の表示が終わったときは終了しているから「現在おこなっている仕事」ではありませんよね。なのになぜこの表に出てくるのですか？

答 「現在」というのは、「そのコマンド（コマンド01）を実行した瞬間」という意味です。その結果をのんびり見ている時点から見れば「過去」ですけれどね。

さてこの表の意味を見ていきましょう。最初の行は、表の項目名です。左端の「USER」という項目は、そのプロセスを実行したユーザーのユーザー名です。rootさんがたくさん出てきていますが、これらはUnixが動くために管理者権限（rootさんの権限）で自動的に実行されているプロセス達です。最後のほうにjigoroさん（あなたのコンピュータではここはあなたのユーザー名になっているはずです）のプロセスがいくつかありますね。

2番目の項目「PID」とは、「プロセスID」というものです。たくさんあるプロセスを互いに区別するために割り当てられる、背番号みたいなものです。3番目の「%CPU」はCPUの性能のうちどのくらいがそのプロセスに使われているか、4番目の「%MEM」はメモリがどのくらいそのプロセスに使われているか、です。コンピュータの速度が異様に遅いな、というときは、このあたりの数値が極端に大きいプロセスがないかどうか、チェックするとよいでしょう。5～8番目の項目はここでは詳述しません。9番目の項目「START」は、そのプロセスが開始された時刻。10番目の項目「TIME」は、そのプロセスを実行するためにCPUが費やした時間、最後の11番目の項目「COMMAND」は、そのプロセスを起動したコマンドです。

バックグラウンドとフォアグラウンド

　シェルでコマンドを走らせるとき、普通は、そのコマンドが終わるまで、そのシェルでは他のことはできません。たとえば、次のコマンドを打ってみてください。

コマンド02　`$ sleep 10`

```
▋
```

▼

```
jigoro@ubuntupc:~$
```

10秒後にプロンプトが出る

　覚えていますか？　このコマンドは、何もせず10秒間待ち続けるというものでした。この10秒間、ターミナル（シェルが動いているウィンドウ）にはプロンプトが現れないので、他のコマンドを打って実行することはできません。ところが、コマンド01の最後に「&」をつけて、次のようにするとどうでしょう？

コマンド03　`$ sleep 10 &`

```
[1] 5194
jigoro@ubuntupc:~$
```

この数値は環境によって異なる

　このように、何か1行、表示が出て、すぐにプロンプトに戻りました。実はこのとき、「sleep 10」というコマンドは、シェルの画面の中ではなく、別のところで動いているのです。このように、コマンドの末尾に「&」を付けて、シェルの画面外で走らせることを「**バックグラウンド**」と言います。コマンドをバックグラウンドで走らせれば、そのシェルのプロンプトに、他のコマンドを打つことができます（試しに「ls」や「date」などのコマンドを打ってみてください）。

コマンド03を打ってから10秒以上経過したら、[Enter]キーを打ってみてください。すると、以下のようになります。

コマンド04 $ 何も入れずに[Enter]キーを打つ

```
[1]+  終了                    sleep 10
```

この表示は、コマンド03がすでに終わっている、という知らせです。

質問 コマンド03が終了したことは、終了した時点で（10秒たった時点で）教えてくれるほうが便利ですよね。なぜコマンド04のように、改めて[Enter]キーを打つまで教えてくれないのでしょう？

答 その疑問はもっともですが、ここではとりあえず「そういうもの」ということでスルーでお願いします……。そもそもsleepコマンドをバックグラウンドで走らせるような状況は、実用的にはほとんどありませんので（ここでは「時間がかかってなかなか終わってくれないコマンド」のシミュレーションとしてsleepコマンドを例に出しているのです）。

さて、バックグラウンドで走っているコマンドを、先ほど学んだ「プロセス」という観点で見てみましょう。次のコマンドを（時間を空けずに）続けて打ってください。

コマンド05　`$ sleep 10 &`

```
[1] 5242
```

この数値は環境によって異なる

コマンド06　`$ ps au`

```
USER       PID %CPU %MEM    VSZ   RSS TTY      STAT START   TIME COMMAND
root      2173  0.2  3.2 319640 32948 tty7     Ss+  10:33   0:25 /usr/lib/
root      2174  0.0  0.0  24020   780 tty1     Ss+  10:33   0:00 /sbin/age
jigoro    5163  0.0  0.4  30608  4956 pts/0    Ss   13:30   0:00 bash
jigoro    5242  0.0  0.0  15372   680 pts/0    S    13:32   0:00 sleep 10
jigoro    5243  0.0  0.3  45444  3188 pts/0    R+   13:32   0:00 ps au
```

5242

sleep 10

このコマンド05のあと、「5242」という値（これはあなたの環境では違うでしょう）が表示されました。これが「sleep 10」のプロセスIDです。続いて打ったコマンド06の結果の、最後から2行目に注目です。「jigoro」の右に、「5242」があり、その行の末尾には「sleep 10」とありますね。つまり、この行が、コマンド05のプロセスに関する情報です。

コマンド05は10秒で終わるはずなので、コマンド05を打ってから10秒以上たったら、このプロセスは消えるはずです。確かめてみましょう。10秒以上たってから、もう一度コマンド06を打ってみてください。すると、例の行は消えているはずです。確かに、コマンド05のプロセスが終了したのです。

バックグラウンドで走っているコマンドを、元の画面内に戻したくなることがあります。そのような場合は、「**fg**」というコマンドを打ちます。試してみましょう。まず「sleep 10」をバックグラウンドで走らせ、それを呼び戻すのです。

コマンド07 `$ sleep 10 &`

```
[1] 5280
```

この数値は環境によって異なる

コマンド08 `$ fg`

```
sleep 10
```

▼ しばらくして

```
jigoro@ubuntupc:~$
```

ここでは、コマンド07で、バックグラウンドで走らせた「sleep 10」が、コマンド08によって元に戻ってきました。そのとき、画面には「sleep 10」という、コマンド07（の「&」より左の部分）が表示され、10秒間の残りの時間、待機します。そして時間が終わったとき、プロンプトが戻ってきたのです。

ここで打ったコマンド08の「fg」は、「フォアグラウンド」の略称から名付けられたコマンドです。「フォア」は「前」という意味で、「バック」（後ろ）の対義語です。テニスでボールの打ち方にフォアハンド、バックハンドというのがありますね。あるいはサッカーやラグビーでフォアード、バックスというのがありますね。あの「フォア」と「バック」です。**フォアグラウンド**は、シェルの画面の中で、あなたが見ている目の前で実行することなのです。

コマンドを、「&」を付けずに普通に走らせると、フォアグラウンドで実行されます。それをあとになって、「しまった！　バックグラウンドで走らせればよかった！」と思うことがあります。大丈夫。そういうときはこうするのです。たとえば次のコマンドをまず フォアグラウンドで走らせてみます。

コマンド09　`$ sleep 10`　（10秒間の待機に入る）

これをバックグラウンドに移すには、まず［CTRL］キーを押しながら［z］キーを押してみてください。すると、

```
^Z
```

と表示され（これは［CTRL］キーを押しながら［z］を押した、ということを確認した表示）、その次の行に、

```
[1]+  停止                    sleep 10
```

と表示され、プロンプトが戻ります。このとき、コマンド09は一時停止状態に入りました（ですから10秒以上経過しても、コマンドは終わりません）。ここで、以下のように「bg」というコマンドを打つと、コマンド09はバックグラウンドで再開されます。

コマンド10　$ bg

```
[1]+ sleep 10 &
```

そして、残りの時間が経過したら、［Enter］キーを打ってみてください。

コマンド11　$　何も入れずに[Enter]キーを打つ

コマンド06のときのように、

```
[1]+  終了                    sleep 10
```

と出るでしょう。

このように、フォアグラウンドで走っているコマンドを、バックグラウンドに移すことは、実際によくあります。たとえば時間がかかる大規模な計算処理を始めてしまったとき、途中までやってから、他の仕事もしたくなり、「やっぱりバックグラウンドで走らせるほうがよかったな」と思うものです。フォアグラウンドのコマンドは［CTRL］+［c］（［CTRL］キーを押しながら［c］キー）を押せば終了できますから、そうやったあとに、再度、同じコマンドに「&」を付けてバックグラウンドで走らせてもよいでしょう。でも、それは、せっかく途中まで済んだ処理をまた最初からやり直すことになってしまいます。それまでに費やした時間がもったいないのです！　そういうとき、「［CTRL］+［c］で終了」ではなく、「［CTRL］+［z］でいったん停止」にして、「bg」コマンドでバックグラウンドに移せばよいのです。

質問 そんなことをしなくても、複数のターミナルを立ち上げて、長時間かかるコマンドを走らせているターミナルとは別のターミナルで、他の仕事をすればいいのでは？

答 もちろん、それでも構いません。ただ、そういうことがやりにくい環境もあります（ネットワーク越しに別のマシンでやるときなど）。また、同時並行したいプロセスがたくさんあるときは、いちいちターミナルを立ち上げてそれぞれにシェルを走らせるのは面倒だし無駄でもあります。そういうときに、このテクニックはよく使います。

ジョブとプロセス

この節は、ちょっと高度な内容なので、興味がなければ読み飛ばしても構いません。

コマンド03や05、07、10、11で、結果に[1]というのが出てきました。この中の1という数値は、**ジョブID**と呼ばれるものです。**ジョブ**とは、まとめて実行されるプロセスの集まりです。たとえば、コマンドA、コマンドB、コマンドCという3つのコマンドが、

```
$ コマンドA | コマンドB | コマンドC
```

というふうにパイプでつながって1つのコマンド（ワンライナー）としてまとめて実行されるとき、これら全体が1つのジョブであり、それは3つのプロセス（コマンドA、コマンドB、コマンドCのそれぞれが1つのプロセス）の集まりとみなされます。コマンド09は、「sleep 10」という1つのコ

マンドからなりますので、1つのプロセスからなる1つのジョブとみなされます。また、多くのコマンドが1つのシェルスクリプトとしてまとめて実行されるときも、そのジョブは1つです。

ジョブの数を増やすと、ジョブIDの値も増えていきます。試しに、「sleep 10 &」というコマンドを、同じシェルの上で、間髪を入れずに3回、実行してみてください。

コマンド12　$ sleep 10 &

```
[1] 5324
```

この数値は環境によって異なる

コマンド13　$ sleep 10 &

```
[2] 5325
```

この数値は環境によって異なる

コマンド14　$ sleep 10 &

```
[3] 5326
```

この数値は環境によって異なる

このように、[ ]内の数値、すなわちジョブIDの値が1、2、3というふうに増え、同時に、プロセスIDの値も「5324」「5325」「5326」というふうに増えていますね。ここでコマンド14の開始から10秒以上たって［Enter］キーを押すと、

```
[1]   終了                    sleep 10
[2]-  終了                    sleep 10
[3]+  終了                    sleep 10
```

という表示がばらばらっと連続して出てくるでしょう。これらは、コマンド12、13、14がバックグラウンドですでに終了している、という知らせです。

質問 プロセスIDは「5324」などの大きい値ですが、ジョブIDは1、2、3のような小さな値です。なぜですか？

答 実は、プロセスとジョブは、管理するところが違うのです。プロセスは、OS全体で統一的に管理されます。OSは、あなたがシェルで打つコマンドだけでなく、他にも多くのプロセス（周辺機器を制御するプロセスや、他のユーザーが実行するコマンドのプロセスなど）を同時に動かしています。それらのすべてに対して、重複しないようなプロセスIDが付与されますので、それらはしばしば大きな値になるのです。一方、ジョブは、そのジョブを実行するシェルで管理されます。あなたが目の前のシェルでコマンドを打つとき、そのシェルはあなたのそのコマンドだけを相手にしていますので、そのコマンドのジョブIDは、たいてい1番から始まります。というか、そのシェルのバックグラウンドで何かを実行させない限り、あなたの打つコマンドのジョブIDはいつも1番でしょう。

プロセスを強制終了するkillコマンド

UnixやLinuxはとても安定したOSですが、ときに、特定のコマンドやソフト（アプリケーション）がフリーズすることがあります。そのようなときは、そのコマンドやソフトを強制終了したくなります。

ターミナルの中で、シェルの上で動いているコマンドなら、[CTRL]+[c] で強制終了できることが多いです。しかし、それができないこともあります。[CTRL]+[c] を押しても終わってくれないのです！　そういうときは、ターミナルのウィンドウを閉じてしまうという手もありますが、それで一見終わったように見えても、ps auコマンドで調べると、まだ動いている、ということもあります。

そういう場合はどうしましょう？　そこで役立つのが、「**kill**」コマンドです。このコマンドは、プロセスを直接的に強制終了するのです。試してみましょう。

まず、sleepコマンドを走らせましょう。どうせ強制終了するので、ここは思い切って1000秒で！

コマンド15　`$ sleep 1000`　（長い眠りに入る）

ここで、**別のターミナルを立ち上げ**、ps auコマンドで、コマンド15のプロセスIDを調べます。

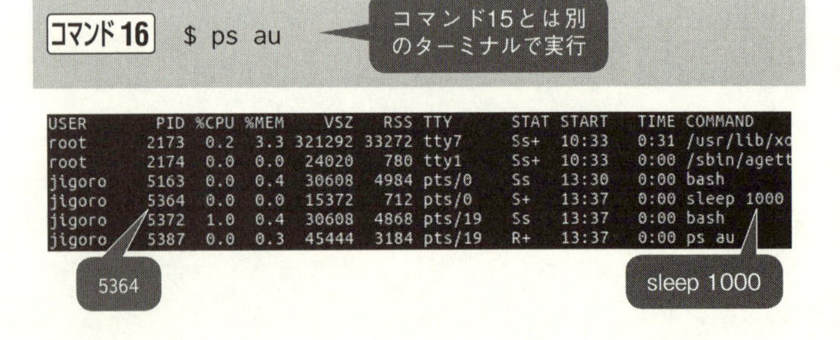


```
USER       PID %CPU %MEM    VSZ   RSS TTY      STAT START   TIME COMMAND
root      2173  0.2  3.3 321292 33272 tty7     Ss+  10:33   0:31 /usr/lib/xo
root      2174  0.0  0.0  24020   780 tty1     Ss+  10:33   0:00 /sbin/agett
jigoro    5163  0.0  0.4  30608  4984 pts/0    Ss   13:30   0:00 bash
jigoro    5364  0.0  0.0  15372   712 pts/0    S+   13:37   0:00 sleep 1000
jigoro    5372  1.0  0.4  30608  4868 pts/19   Ss   13:37   0:00 bash
jigoro    5387  0.0  0.3  45444  3184 pts/19   R+   13:37   0:00 ps au
```

この中に、行の右端に「sleep 1000」と出ているのがありますね。それがコマンド15のプロセスです。上の例ではそのプロセスIDは「5364」ですが、あなたの環境では別の値になっているでしょう。その値に注目して、次のコマンドを（コマンド16を打ったターミナルの中で）打ってください。

コマンド17　$ kill 5364　（この値はあなたの環境に応じたプロセスIDを入力）

すると、コマンド15が走っていた（長い眠りについていた）ターミナルに、次のような変化が起きます。

```
Terminated
jigoro@ubuntupc:~$
```

これは、コマンド17によって、コマンド15が強制的に終了されたのです。

この例では、わざわざ別のターミナルを立ち上げてコマンド17を打ったりしなくても、コマンド15のあとに、[CTRL]+[c] を打てば、コマンド15を強制終了できます。しかし、そのようなことができないような困った状況に陥ったら、コマンド17のようなやり方（別のターミナルでkillコマンド）が役立つのです。

質問　画面全体がフリーズして、「別のターミナル」すらも立ち上げることができない場合はどうすればいいのですか？

答　実際、本当に困るのはそういうときですね。そのような場合は、２つ、方法があります。１つは、[Ctrl]＋[Alt]＋[F1] を押すのです（[Ctrl] キーを押しながら [Alt] キーと［F1］キーを順に押す。［Alt］キーは［Ctrl］キーとスペースキーの間あたりにあります。［F1］キーはキーボードの左上にあります）。すると、GUIのウィンドウ全体が停止し、画面全体が1つのCUIのターミナルになります。そこでログインし、ps auコマンドを実行してプロセスIDを確認し、killコマンドを打てばOKです。それが終わったらログアウトして、［Ctrl］＋［Alt］＋［F7］を押せば、元のGUIの画面に戻ります。

もう1つは、別のコンピュータから、SSHというやり方であなたの（トラブルの起きた）コンピュータにログインし、「ps au」して「kill」するのです。これについてはここで詳述することはできませんが、もう少しLinuxの勉強が進めば、できるようになるでしょう。

質問 killコマンドを打っても終了できないプロセスが出てきました。どうすればいいのでしょう？

答 そういうこともあります。そのときは、killコマンドに「-KILL」というオプションを付けます。たとえばプロセス番号が9876のプロセスがなかなか終わってくれないときは、「$ kill -KILL 9876」というコマンドを打つのです。

まとめ　Linuxはユーザーを「バックヤード」に入れてくれる！

この章で学んだことは、Linuxをお試しで使うレベルではあまり必要ではありません。むしろ、Linuxをガチで実務に使うときに必要になります。というのも、Linuxに慣れてくると、ユーザーは、いろんなことをLinuxにさせたくなります。その中には、数百個のファイルを何時間もかけて処理したり、定期的なスケジュールに合わせて自動処理をしたり、というようなこともあり得ます（本書の最後でそのような例を実際に体験しましょう）。さらに、そのような処理をいくつも同時に実行したりもします。そうしたときに、メモリの不足やCPU能力の不足、あるいはソフトウェアの不具合などのために、マシンが不安定になったり、極端に遅くなったりすることがあります。

Linux や Unix は、そういうトラブルが起きにくいように作り込まれたOSですが、だからといって「全部オレに任せておけ」とは言いません。それどころか、Linux や Unix は、いつでもユーザーがプロセスやジョブの処理に介入してくれていいのですよ、という態度なのです。Unix や Linux の「バックヤード」はいつでも開かれているのです！

そのおかげで、Linux のユーザーはすぐにリセットボタンを押すのではなく、個々のプロセスの現状をチェックし、トラブルの原因を突き止めたり、うまく動いていないプロセスを「kill」して正常化させる、ということができるのです。

チャレンジ！

本章で学んだ知識を応用し、理解を深める演習問題です。解けなくても、これ以降の内容を読むのに支障はありません。

演習12-1

(1) 以下のコマンドを打ってみましょう。

```
$ top
```

(2) (1) で出てきた内容を、manコマンドやネット検索などを参考にして解釈してください。

(3) topコマンドの実行中に、キーボードの［1］(数字のイチ) を押してみてください。何が起きたか、解釈してみてください。

【コメント】 topコマンドを終了するには［CTRL］+［c］です。

演習12-2

(1) Linuxには、「コマンドの実行にかかる時間を計るコマンド」があります。それは何でしょうか？　ネット検索などで見つけてください。

(2) そのコマンドを使って、第6章（150ページ）のコマンド20（ルートディレクトリ以下のすべてのファイルとディレクトリの数を数えるコマンド）の実行にかかる時間を調べてください。

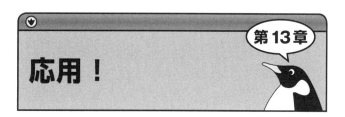

ここまで学んだことはあくまでUnix、Linuxの基礎ですので、それを使ってすぐに凄いことができるようなものではありません。とは言っても、せっかくいろいろ学んだのだから、Unix、Linuxらしい、何かちょっと素敵なことをやってみましょう。

準備として、本章で使うコマンドをインストールしておきましょう。

コマンド01
```
$ sudo apt-get install wget cron imagemagick libav-tools ffmpeg
```
半角スペースが入る

このあと、パスワードの入力が必要です

以下のコマンド02、02’は、お使いのディストリビューションに合わせて、どちらか片方だけでOKです。

Ubuntu Linuxの場合

コマンド02
```
$ sudo apt-get install totem
```

Raspbianの場合

コマンド02'
```
$ sudo apt-get install omxplayer
```

文章の中で最もよく使われる単語は？

人の書く文章には、その人なりの癖（文体）があり、それが作家の魅力になったりします。そのような癖を解析する技術を「**テキストマイニング**」と言います。テキストマイニング用のソフトウェアはいろいろ出ていますが、Linuxのシェルでもシンプルな解析ができます。やってみましょう！

ここでは英語の文章を対象に、よく使われる単語（口癖？）のランキングを解析してみます。素材は何でもいいのですが、リンカーンの有名なゲティスバーグ演説を解析してみましょうか。ブラウザを立ち上げて、「Lincoln speech」と検索すると出てきます。「Four score and……」から始まる演説本体をマウスで選んでコピーし、「speech」という名前のテキストファイルにしてください。それにはviを使ってもよいのですが、もっと簡単にできます。

コマンド03
```
$ cat > speech
```

として、先ほどコピーした部分をターミナルの上にペーストし、[Enter] を打って、[CTRL]+[c] をすればOKです(「ペースト」や「貼り付け」はマウスの右ボタンで出てきます)。ちゃんとできているか、確認しましょう。

コマンド04　$ cat speech

```
 Four score and seven years ago our fathers brought forth on this continent, a n
ew nation, conceived in Liberty, and dedicated to the proposition that all men a
re created equal.

Now we are engaged in a great civil war, testing whether that nation, or any nat
ion so conceived and so dedicated, can long endure. We are met on a great battle
-field of that war. We have come to dedicate a portion of that field, as a final
 resting place for those who here gave their lives that that nation might live.
It is altogether fitting and proper that we should do this.

But, in a larger sense, we can not dedicate -- we can not consecrate -- we can n
ot hallow -- this ground. The brave men, living and dead, who struggled here, ha
ve consecrated it, far above our poor power to add or detract. The world will li
ttle note, nor long remember what we say here, but it can never forget what they
 did here. It is for us the living, rather, to be dedicated here to the unfinish
ed w                              have thus far so nobly advanced. It is rather
     s to be here dedicated to th        task remaining before us -- that from
these honored dead we take increased dev
the last full measure of devotion -- that we here                           dead
 shall not have died in vain -- that this nation, under God, shall have a new bi
rth of freedom -- and that government of the people, by the people, for the peop
le, shall not perish from the earth.
jigoro@ubuntupc:~$
```

　では、この文章を、カンマやピリオドなどの記号を消して、単語単位にばらします。

コマンド05　$ cat speech | sed 's/[,|.|:|;|"|?|]/¥n/g'

¥はキーボードの右下の[Shift]の左隣にある[\]（バックスラッシュ）キーを押してください。キーボードの右上の[BackSpace]の左隣にある[¥]キーではうまくいかない場合があります。また、環境によって、¥はバックスラッシュとして表示されるかもしれません

```
Four
score
and
seven
years
ago
   ish
from
the
earth
```

ここで出てきた「sed」は、文字を置換するコマンドです。[ ]内に「|」で区切られて書かれた文字は、すべて「¥n」に置き換えます。「¥n」は「改行」を意味します。記号や空白の箇所で、文を改行するのです。こうして1行に1語の形のテキストデータになります（空行がたくさん入りますが、それはあとで処理します)。これで、Unixの文化である「1行1件のテキストデータ」に合いました。ただ、大文字と小文字が混ざっていますね。これを小文字で統一しましょう。そのためには、コマンド05をさらにパイプで

tr A-Z a-z

というコマンドにつなげばOKです。このコマンドは大文字・小文字の変換でよく使います。そして単語を辞書順に並べ替えます。それにはさらにパイプで「sort」というコマンドにつなぎます。

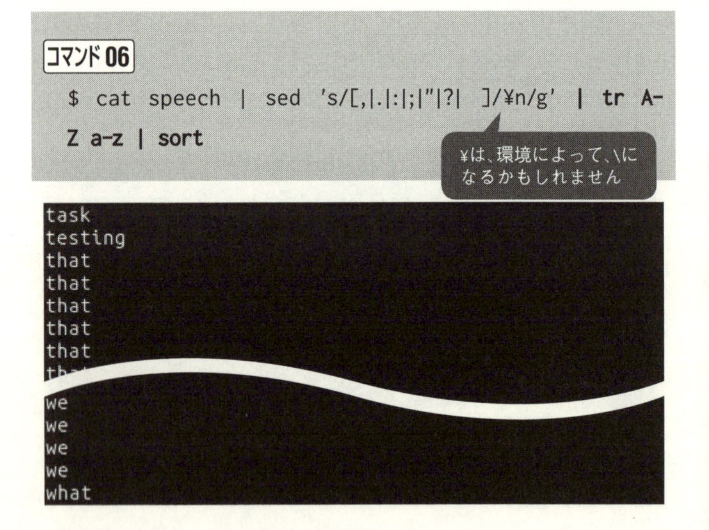

コマンド06
$ cat speech | sed 's/[,|.|:|;|"|?|]/¥n/g' | tr A-Z a-z | sort
¥は、環境によって、\に
なるかもしれません
task
testing
that
that
that
that
that
we
we
we
we
what

すると、同じ単語が繰り返し出てきます。「the」とか「that」とか「we」が多そうですね。ではそれぞれを数えます。それには、「uniq -c」コマンドですね。

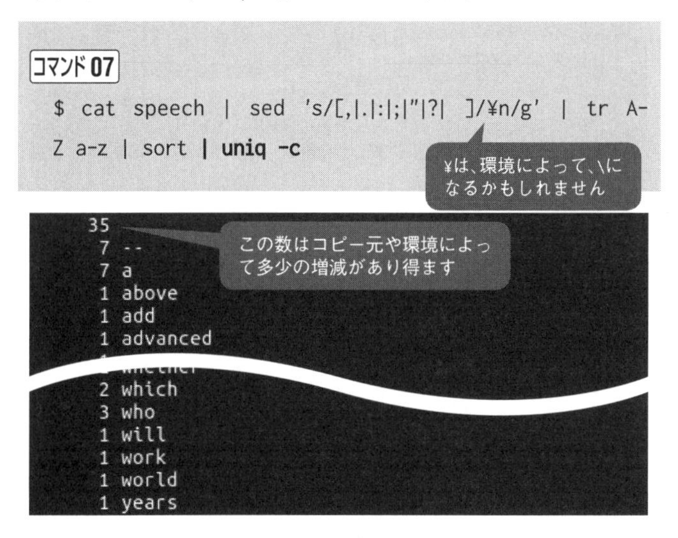

コマンド07
$ cat speech | sed 's/[,|.|:|;|"|?|]/¥n/g' | tr A-Z a-z | sort | uniq -c
¥は、環境によって、\になるかもしれません
35
7 --
7 a
1 above
1 add
1 advanced
2 which
3 who
1 will
1 work
1 world
1 years
この数はコピー元や環境によって多少の増減があり得ます

「a」は7回、「above」は1回出てきたようです。これを、出現回数の多い順に並べ替えましょう。それには「sort -n -r」というコマンドにパイプします（-nオプションは、辞書順でなく数字の小さい順に並べる、-rオプションは順序をひっくり返すという意味です）。

¥は、環境によって、\になるかもしれません

コマンド08

```
$ cat speech | sed 's/[,|.|:|;|"|?| ]/¥n/g' | tr A-Z a-z | sort | uniq -c | sort -n -r | less
```

```
    35
    13 that
    11 the
    10 we
     8 to
     8 here
     2 these
     2 rather
     2 our
     2 or
:
```

終わらせるには[q]キー

これが結果です！　最初の35は空白行数（文章を単語単位に分解したときに生じた副産物）なので無視すると、最も多いのはthatで、次にthe、we、toと続くようです。有名な、「of the people, by the people, for the people」で出てくるpeopleは、そこだけのようで、3回しかありません。

この例は、276語の短い英文ですが、もっと長いものもやってみましょう。私は聖書を解析してみました。約4万語（リンカーン演説の150倍）あるため多少時間はかかりましたが、全く同じコマンドでできました。最も多かったのは「the」で、「and」「of」「to」「that」の順でした。聖書に比べてリンカーン演説には「we」が多く「and」が少ないことがわかります。民衆に語りかけるという目的は同じでも、政治家と宗教の違いはそのあたりにあるのかもしれませんね。

コマンド08はワンライナーです。1つのワンライナーでここまでできるのです！

質問 日本語ではできないのですか？

答 日本語は英語と違って、単語同士がくっついている（スペースで分かち書きされていない）ことと、文字コードに配慮が必要なので、やや手順が違いますが、できます。前者は「mecab」、後者は「nkf」というコマンドで対処します（それらは`$ sudo apt-get install nkf mecab`でインストールします）。私は夏目漱石の「坊っちゃん」を、閲覧フリーの「青空文庫」から「souseki」というファイルにコピーして、以下のコマンドでできました（名詞に限定）。

```
$ cat souseki | nkf -e | mecab | nkf -w | grep 名詞
| sort | uniq -c | sort -n
```

半角スペースが入る

結果は、云、事、もの、主人、君、……の順でした。云はよくわかりませんが、それ以外はなんとなく漱石っぽいですよね。

衛星画像のアニメーションを作ってみよう！

次に、我々の地球を、日々、ずっと上空から監視している人工衛星のデータをいじってみましょう。ここで扱うのは、天気予報でおなじみの「気象衛星ひまわり」のデータです。ひまわりは、日本を含む東アジア全体を、夜も昼もずっと、10分おきに観測しています。ここでは2016年７月５日から６日にかけて、超大型の台風１号が成長して台湾に接近する様子を見てみます。

この例では大量のファイルを扱うため、あらかじめ作業用のディレクトリを作って、そこに移動しましょう。

コマンド09 `$ mkdir ~/himawari`

コマンド10 `$ cd ~/himawari`

ひまわりのデータは、千葉大学の環境リモートセンシング研究センターが公開しているそうです。調べてみましょう。まず、ネットで「千葉大 ひまわり フルディスク gridded」というキーワードで検索すると、「ひまわり8/9号 フルディスク（FD）gridded data（緯度経度直交座標系精密幾何補正済データ）公開について」http://www.cr.chiba-u.jp/databases/GEO/H8_9/FD/index_jp.htmlというサイトが見つかります。そこからたどっていろいろ探すと、2016年7月のデータは、「ftp://hmwr829gr.cr.chiba-u.ac.jp/gridded/FD/latest/201607/TIR/」というサイトにあることがわかりました。このURLをブラウザで開いてみましょう（数分間かかるかもしれません）。

質問 膨大な数のファイルがブラウザの上に出てきてびっくりしました。これらを1つずつクリックしてダウンロードするのですか？

答 安心してください、そんなことはしません。CUIを使うと、たった1つのコマンドで、この中から必要なファイルのすべてを自動判別してダウンロードできます。その作戦を立てるために今、こうやってデータベースの中身を調べているわけです。

よく見ると、ファイル名は規則正しく付けられているようです。たとえば、「201607010320.tir.09.fld.geoss.png」は、7月1日3時20分の画像です（ただしこの時刻は世界標準時で、日本の時刻はこれに9時間を足したもの）。この規則を利用して、2016年7月5日から6日まで（世界標準時で）のデータを自動的に一気にダウンロードしましょう。

コマンド 11

```
$ wget ftp://hmwr829gr.cr.chiba-u.ac.jp/gridded/FD/
latest/201607/TIR/2016070[5-6]*.tir.09.fld.geoss.png
```

このアスタリスクは以前学んだワイルドカードです

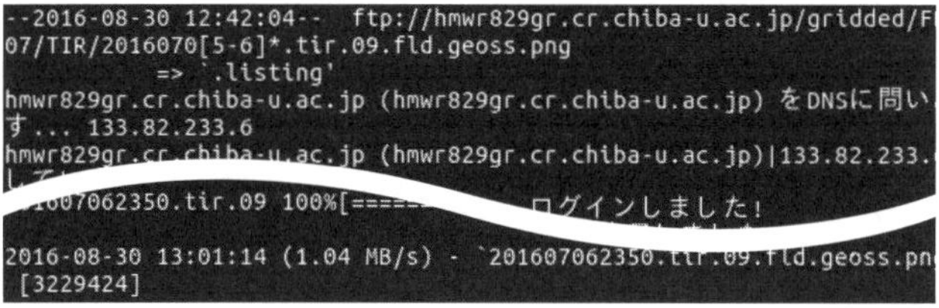

```
--2016-08-30 12:42:04--  ftp://hmwr829gr.cr.chiba-u.ac.jp/gridded/F
07/TIR/2016070[5-6]*.tir.09.fld.geoss.png
           => `.listing'
hmwr829gr.cr.chiba-u.ac.jp (hmwr829gr.cr.chiba-u.ac.jp) をDNSに問い
す... 133.82.233.6
hmwr829gr.cr.chiba-u.ac.jp (hmwr829gr.cr.chiba-u.ac.jp)|133.82.233.
                                   ログインしました！
07062350.tir.09 100%[=====
2016-08-30 13:01:14 (1.04 MB/s) - `201607062350.tir.09.fld.geoss.pn
 [3229424]
```

しばらく沈黙してしまうかもしれませんが、5分間くらいは待ちましょう。じきにたくさんのメッセージが現れ、ファイルが1つ、また1つとダウンロードされていく様子が見えはじめるでしょう。すべてのファイルのダウンロードが終わるとプロンプトが戻ってきます。この一連の時間は、通信環境によりますが、1分間～30分間程度でしょう。

ダウンロードされたファイルはカレントディレクトリ（今の場合は「~/himawari」）に入っています。それをlsコマンドで確認しましょう。pngという拡張子を持つファイルが

たくさん出てきましたね？　pngは、画像ファイルの形式の一つです。全部で284個のpngファイルがあるはずです（「ls | wc」で確認してみてください）。

このwgetコマンドは、CUIでネット上のファイルをダウンロードする強力なコマンドです。ここでは284個のファイルをこの1行のコマンドでダウンロードしてくれました。**ブラウザで1つずつクリックすることと比べるとずっと楽で正確**ですね。

さて、これらのファイルをGUIでクリックして開くと、おなじみのひまわりの雲画像が現れます。これをつなげて動画にしてみましょう！　そのためにはまず、

(1) 各ファイルの画像サイズを適切に整えること
(2) 画像形式を変換（png形式からjpg形式へ）すること
(3) ファイル名を表示順の通し番号でつけかえること

が必要です。一見面倒くさそうですが、これらを以下のようなコマンド（ワンライナー）で一発でできてしまうのがシェルの素晴らしいところです。

コマンド12

このxは小文字のエックス

```
$ ls 2*png | awk '{printf "convert %s -resize 1000x1100! %0.5d.jpg¥n",$1,NR}' | sh
```

¥nの¥は、キーボードの右下にある[\]で入れて下さい

このコマンドをちょっと説明しておきますね（わからなければスルーで構いません）。まず「ls 2*png」で、ダウンロードしたすべての画像ファイルのファイル名（それらはいずれも「2」から始まり、「png」で終わる）を列挙します。

そのファイル名群がパイプで「awk」に渡されます。「awk」の中では、画像形式を変換するコマンドを作ります。「convert ～ jpg」がそれです。convertはコマンド01でインストールしたimagemagickというパッケージの中のコマンドです。

「-resize 1000x1100!」というのは、横幅が1000ピクセル、縦が1100ピクセルになるように画像を縮小せよということです（こうしないとあとの動画作成でエラーが出ます）。「%0.5d.jpg」は変換後のファイル名の形式で、「%0.5d」というのは、「頭部が0で埋まった5桁の整数」という意味です（たとえば「12」なら「00012」というふうに）。その整数の値は「NR」というawk変数で与えます。「NR」とはNumber of Record、すなわち、「awk」の標準入力に流れ込んできたうちの何行目なのかを「awk」が自動でカウントして作る変数です。

こうやって作ったconvertコマンド群を、最後にパイプで「sh」に渡すと、「sh」、つまりBourneシェルが、そのコマンドを実行してくれる、という仕組みです！

このコマンドは数分から十数分かかるでしょう。

質問 ずっと沈黙しているので、うまくいっているか心配です。

答 なら、バックグラウンドに移してみて（[CTRL]＋[z]を打って、「bg」、[Enter]キーでしたね）、lsコマンドで新しいファイルができつつあることを逐次確認してはどうでしょう？

処理が終わったら、できたファイルを確認しましょう。

コマンド13　$ ls -l *jpg | less

```
-rw-rw-r-- 1 jigoro jigoro 338555  8月 30 13:50 00001.jpg
-rw-rw-r-- 1 jigoro jigoro 338692  8月 30 13:50 00002.jpg
-rw-rw-r-- 1 jigoro jigoro 339178  8月 30 13:50 00003.jpg
-rw-rw-r-- 1 jigoro jigoro 339811  8月 30 13:50 00004.jpg
-rw-rw-r-- 1 jigoro jigoro 340124  8月 30 13:50 00005.jpg
-rw-rw-r-- 1 jigoro jigoro 340664  8月 30 13:50 00006.jpg
```

終わらせるには[q]キー

ではこれらのjpgファイルをアニメーションにします。次のコマンドを打ってください。

コマンド14　$ avconv -r 24 -i %05d.jpg -r 24 -vcodec libx264 himawari.mp4

スペースを空けずに続けてください

avconvは動画を作成するコマンドです（avconvが見つからなければavconvをffmpegと置き換えてみて下さい）。個々のオプションの解説は省略します。コマンド14がうまくいけば、たくさんの表示が出て、数十秒〜数分間で処理が完了し、カレントディレクトリ（今の場合は~/himawari）に「himawari.mp4」という映像ファイルができます（図13-1）。これを以下のコマンドで再生してみましょう。

図13-1　「~/himawari」に、「himawari.mp4」という映像ファイルができる

Ubuntu Linuxの場合

コマンド15
```
$ totem himawari.mp4
```

Raspbianの場合

コマンド15'
```
$ omxplayer himawari.mp4
```

うまくいかなければ、「himawari.mp4」をGUIでダブルクリックしてみましょう（このときもし「プラグインをインストールしますか？」と聞かれたら、「はい」をクリックしてください）。南はオーストラリアから北はシベリアまで、広い範囲で雲ができては流れ、消えていく様子がわかります。フィリピン付近で生まれた台風が次第に発達しながら台湾に接近する様子もわかるでしょう（図13-2）。

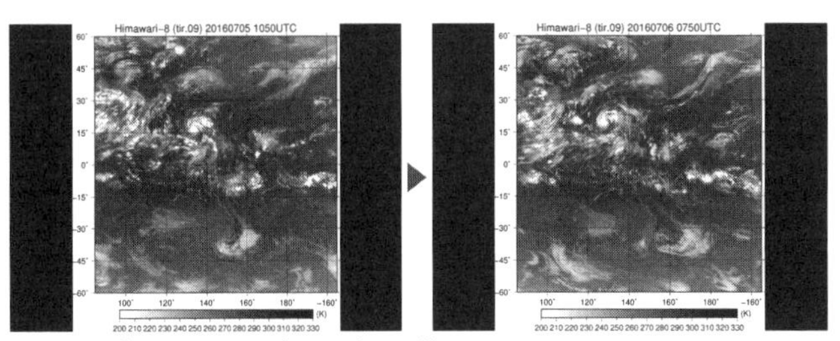

図13-2　「himawari.mp4」を再生した様子

ウェブカムの画像を自動的にダウンロードしよう！

衛星から地上に戻って、こんどは美しい風景写真をいじってみましょう。2000年代以降、世界のあちこちにウェブカム（ネットワークに接続され自動撮影するカメラ）が設置されています。それらが時々刻々と撮影・送信してくる画像は膨大な量になりますが、ほとんどが「流しっぱなし」で、しばらくたてば保存されずに消えてしまっています。そこで、お気に入りのウェブカムの画像を、自動的にダウンロードして保存してみましょう。まず、一連の作業をするディレクトリを作り、そこに移動しましょう。

コマンド16
```
$ mkdir ~/webcam
```

コマンド17
```
$ cd ~/webcam
```

では、例として、アメリカの有名なヨセミテ国立公園の画像を集めてみましょう。ブラウザを立ち上げ、“Yosemite webcam” をキーワードにしてネットで検索すると、いいのが出てきます。その中でHalf Dome Webcamというのを選びましょう。

質問 画像が出てきましたが、真っ暗です。

答 日本の昼間は向こうでは夜中ですからね。日本時間で午前0時から朝9時くらいまでにアクセスすれば、ヨセミテの昼間のきれいな景色が見られるでしょう。

質問 そんな真夜中に起きて作業するのは嫌です。

答 大丈夫。以下で説明しますが、ダウンロードはコンピ

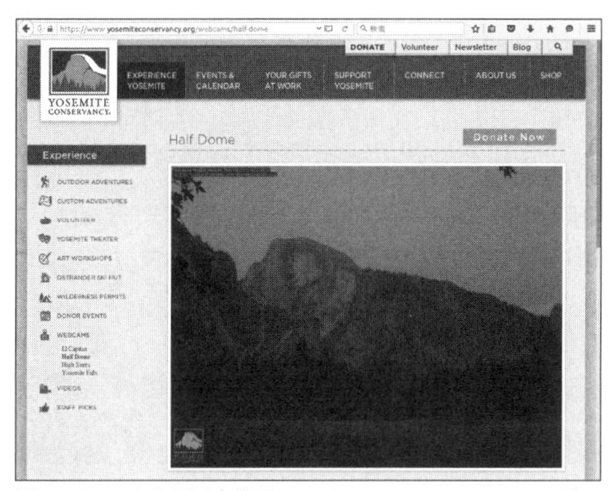

図13-3　ヨセミテ国立公園のHalf Dome Webcamのページ

ュータに自動的にやらせます。あなたが寝ている間に、コンピュータがヨセミテの昼間の画像をがっつりダウンロードしてくれます。

真っ暗であれ、きれいな風景であれ、ブラウザに出てきた画像をマウスで右クリックして、「Copy image location」とか「画像のURLをコピー」などを選んでください。するとその画像自体のアドレスがコピーされます。それをターミナルにペーストしてみてください。すると、「https://pixelcaster.com/yosemite/webcams/ahwahnee2.jpg?20166251454」のようなアドレスだとわかります。大事なのはjpgまでです。その後の「?」以降は切り捨てて、頭に「wget」と付けた以下のようなコマンドを打ってみましょう。

コマンド18

```
$ wget https://pixelcaster.com/yosemite/webcams/
ahwahnee2.jpg
```

```
--2016-08-02 15:19:48--  https://pixelcaster.com/yosemite/webcams/ahwahnee2.jpg
pixelcaster.com (pixelcaster.com) をDNSに問いあわせています... 192.169.226.111
pixelcaster.com (pixelcaster.com)|192.169.226.111|:443 に接続しています... 接続
しました。
HTTP による接続要求を送信しました、応答を待っています... 200 OK
長さ: 134769 (132K) [image/jpeg]
`ahwahnee2.jpg' に保存中

ahwahnee2.jpg       100%[===================>] 131.61K   139KB/s    in 0.9s

2016-08-02 15:19:51 (139 KB/s) - `ahwahnee2.jpg' へ保存完了 [134769/134769]
```

すると、そのウェブカム画像がダウンロードされます。

質問 コマンド18で、エラーが起きました。Not Foundとか言われてます。

答 打ち間違いでなければ、そのサイトが閉鎖されたり、アドレスが変えられたりした可能性があります。ここは応用を利かせて、改めてヨセミテやその他の場所のウェブカムを検索して探し出してみましょう。たとえば日本では「大雪山旭岳　ウェブカム」で検索すると、北海道の大雪山のきれいなウェブカム画像が見つかります。その画像を右クリックして「Copy image location」または「画像のURLをコピー」でコピーし、ターミナルにペーストし、カーソルを行頭に移動してwget と入れると、コマンド18の大雪山バージョンができるでしょう。この場合、以降の「ahwahnee2.jpg」は、「asahidake.JPG」に、「Yosemite」は「Taisetsu」などに置き換えて読んでください。

このヨセミテの画像は、30秒おきに更新されるようです。したがって30秒ごとにコマンド18を繰り返せば、各瞬間の風景が得られるでしょう！　ここで大事なのは、ダウンロードしたファイルの名前を変更することです。さもなければ、毎回同じ「ahwahnee2.jpg」という名前でダウンロードされるファイルが、古いファイルを上書きして消してしまいます。変更先のファイル名は、年月日と時刻が入った名前がよいですね。以下のコマンドを使えばいいでしょう。

コマンド19

```
$ mv ahwahnee2.jpg `date -r ahwahnee2.jpg +%Y%m%d_%H%M%S_Yosemite.jpg`
```

コマンド19の中の「%Y」は年、「%m」は月、「%d」は日、「%H」は時、「%M」は分、「%S」は秒です。このような記号の使い方は、dateコマンドのマニュアルに載っています。大文字・小文字の区別は大切です（たとえば「%m」は月ですが、「%M」は分を表します）。たとえば2016年８月２日の夕方（午後３時19分30秒）にコマンド19を実行し、直後にlsコマンドを打つと、

```
20160802_151930_Yosemite.jpg
```

というファイルができました。

さて、コマンド18、19をシェルスクリプトにまとめます。シェルスクリプトのファイル名は「webcamget.sh」としましょう。

```
コマンド20　$ vi webcamget.sh
```

そして以下の内容を打ち込んでください（viを忘れた方のために補足すると、挿入モードは［i］キー、困ったときは［Esc］キーです）。

jigoroはあなたのユーザー名に置き換えてください

```
#!/bin/sh
cd /home/jigoro/webcam
wget https://pixelcaster.com/yosemite/webcams/
ahwahnee2.jpg
mv ahwahnee2.jpg `date -r ahwahnee2.jpg +%Y%m%d_
%H%M%S_Yosemite.jpg`
```

終わったら［Esc］を打って、「:wq」と打ってください。するとファイルが保存され、viが終了します。

質問 最初の行の、「#!/bin/sh」って何ですか？

答 これはシェルスクリプトの「お作法」のようなものです。以前（第11章のコマンド25）、シェルスクリプトを作ったときは、わかりにくいかと思って省略してしまったのですが、シェルスクリプトを「きちんと書く」には、冒頭にこの1行が必要です（これがないと、シェルスクリプトはうまく動かないことがあります）。その意味は、「このファイルは、/bin/shというコマンド（つまりBourneシェル）で解釈・実行してくださいね」というものです。もし、Bourneシェルではなく、bashやtcshに解釈・実行させたいときは、「#!/bin/bash」とか、「#!/usr/bin/tcsh」と書きます。

そして、このシェルスクリプトに実行可能権限を付与します。

コマンド21　$ chmod +x webcamget.sh

何もメッセージは表示されずプロンプトに戻る

あとは、この「webcamget.sh」というコマンド（シェルスクリプト）を自動実行すればいいのです。Unixには、コマンドを定期的に自動実行する、「**cron**」という仕組みがあります。「cron」は、決められたコマンドを、決められたスケジュールで、Unixがユーザーの代わりに自動的に実行してくれる仕組みです。まるでロボットのようですね！
「cron」を使うには、まず作業のスケジュールを「cron」に教える必要があります。以下のように打ってください。

コマンド22　$ crontab -e

```
no crontab for jigoro - using an empty one

Select an editor.  To change later, run 'select-editor'.
  1. /bin/ed
  2. /bin/nano        <---- easiest
  3. /usr/bin/vim.basic
  4. /usr/bin/vim.tiny

Choose 1-4 [2]:
```

何やらメッセージが出ましたが、これは、「cron」を初めて使うときに出る、儀式のようなものです。この中で、

「Select an editor.」すなわち「エディターを選んでね」というメッセージが出ています。これは、cronに関する設定を書くときに、どういうテキストエディターを使いたいですか？ という質問です。この例では「2」がお薦めされていますが、本書ではviを使ってきましたので、「3」（vim、すなわちviの拡張版）を選びましょう。するとviが立ち上がり、何やら表示されます。

```
# Edit this file to introduce tasks to be run by cron.
#
# Each task to run has to be defined through a single line
# indicating with different fields when the task will be run
# and what command to run for the task
#
# To define the time you can provide concrete values for
# minute (m), hour (h), day of month (dom), month (mon),
# and day of week (dow) or use '*' in these fields (for 'any').#
# Notice that tasks will be started based on the cron's system
# daemon's notion of time and timezones.
#
# Output of the crontab jobs (including errors) is sent through
# email to the user the crontab file belongs to (unless redirected).
#
# For example, you can run a backup of all your user accounts
# at 5 a.m every week with:
# 0 5 * * 1 tar -zcf /var/backups/home.tgz /home/
#
# For more information see the manual pages of crontab(5) and cron(8)
#
# m h  dom mon dow   command
~
"/tmp/crontab.inf9l4/crontab" 22L, 888C
```

最終行までカーソルを持っていって、[o]（アルファベットのオー）キーを押すことによって、次の行に挿入モードで入り、以下のような行を書き込みます。

```
* * * * * ~/webcam/webcamget.sh
```

ここでアスタリスク（*）の数（5つですよ）を間違えないでください。そして、[Esc] キーを押すことでコマンドモードに移り、「:wq」と打って、保存・終了してください。

質問 保存・終了後に何かエラーが出ました。「bad minute」とか言われて、「Do you want to retry the same edit?」と聞かれています。

答 それは、上記の内容をviで打ち込んだときに、何か打ち間違いをしているのです。「y」を打って再編集しましょう。スペースの有無や、「*」の個数などを確認してください。

これで、「~/webcam/webcamget.sh」が1分おきに（たとえば8時00分、8時01分、8時02分、……というふうに）、自動的に実行されます。本当は30秒おきにやりたいところですが、ちょっと工夫が必要なので、ここでは1分おきで我慢しましょう（どうしても30秒おきでやりたい人は、章末の演習問題を見てください）。実際にうまく動いているか、直近の実行時を待ってから確認してみましょう。

では、このLinuxマシンの電源を入れたままにして、一晩放置してみてください。翌日の昼頃、lsコマンドを打つと、ヨセミテ国立公園のハーフドーム（巨大な岩山）に日が昇り没するまで、1分おきに撮られた1000枚近い画像が溜まっているでしょう。

質問 一晩中、ログインしっぱなしじゃなきゃダメですか？

答 電源さえ入っていれば、ログアウトしても大丈夫ですよ。その後、他のユーザーがそのコンピュータを使っても大丈夫です。その裏でそのコンピュータは、あなたのために、せっせとヨセミテの画像をダウンロードしていますから。ただし、もしログアウトしたら、翌朝はログインしてターミナルを立ち上げ、cd ~/webcamと打ってくださいね。

さて、これだけ画像が集まったら、ひまわりの雲画像でやったように、動画にしたいものですね。やってみましょう！

コマンド23

```
$ ls 2*jpg | awk '{printf "convert %s -resize 800x600! %0.5d.jpg¥n",$1,NR}' | sh
```

¥nの¥は、キーボードの右下にある[\]で入れて下さい

数分〜数十分間、沈黙します

コマンド24

```
$ avconv -r 24 -i %05d.jpg -r 24 -vcodec libx264 Yosemite.mp4
```

この処理が終わったら、動画を再生してみましょう。

Ubuntu Linuxの場合

コマンド25

```
$ totem Yosemite.mp4
```

Raspbianの場合

コマンド25'

```
$ omxplayer Yosemite.mp4
```

ヨセミテの１日が映画のようにあなたの前に現れるでしょう（次ページの図13-4）。

もしこれが気に入ったら、何ヵ月もLinuxコンピュータをつけっぱなしにして、その間のヨセミテの画像をぜんぶダウンロードすることもできます。そうすれば、ヨセミテの季節が移り変わる様子も映像にできるでしょう。

図13-4 「Yosemite.mp4」を再生した様子

質問 それ、やってみたいけど電気代がもったいないです。

答 そうですよね。そこで、消費電力の少ないRaspberry Piのような小さなLinuxコンピュータが活躍するのです。ただし気をつけるべきは記憶容量です。1枚あたり0.1 MBの画像が1日あたり1500枚くらい撮られるなら、全部ダウンロードすると1日で150 MB程度になります。1ヵ月で5 GB程度ですね。小さめのmicro SDカードなら満杯になってしまいます。定期的に大きなストレージに移すことが必要です。

質問 同じような画像をこんなにたくさんダウンロードして何の意味があるのですか？

答 たとえばこういう画像を何年間分も集積して、春の芽吹きや秋の黄葉、冬の積雪などのタイミングが、年とともにどう変わっているかを研究している人もいます（生態学・気候学）。また、これらの中から、熊などの動物が出てきたやつだけを抜き出せば、動物の棲息状況に関するデータになります。付近に山火事が起きてその煙のせいで空が濁ったら、前年の画像と比較することでその汚染の程度がわかります。

このように、大量の画像には、多くの情報が秘められているのです。

質問 このシェルスクリプトの自動実行を止めるにはどうすればいいのですか？

答 コマンド22を打って、

```
* * * * * ~/webcam/webcamget.sh
```

の行を削除（viでの1行削除は「dd」）して、保存・終了（「:wq」）すればOKです。

まとめ　UnixのCUIは、コンピュータの能力を存分に引き出してくれる！

この章の3つの例で、UnixのCUIが「使える奴」だとわかっていただけたでしょうか？　それらはいずれも、Unixでなくても、あるいはCUIでなくても、可能な作業でしょう。しかし、それらを実現するソフトウェアはどうやって探しますか？　検索？　人に聞く？　それで見つかったら、今度はマニュアルを読んで慣れる必要がありますね。しばらく使わないと忘れてしまい、勉強し直す必要もあります。

このような、さまざまな細々としたな仕事について、それぞれのためのソフトウェアをいちいち用意するのはきりがないし、効率もよくないのです。Unixは、「その仕事のためのソフト」ではなく、「その仕事を構成する部品」達を提供します。それがwgetコマンドや、convertコマンドなどです。それらを使って、ユーザーは自分で「その仕事のためのソフト」を組み立てるのです。それがワンライナーやシェルスクリプトです。自分で組み立てるので、痒いところに手が届くような、繊細な作り込みも可能ですし、他の用途への流用や転用もスムーズにできるのです。

もう1つ大事なのは、そのようなアプローチは対象が巨大になっても大丈夫、ということです。300語たらずのリンカーン演説と4万語の聖書が同じコマンドで解析できるのです。ヨセミテの1日をうまく処理できたら、ヨセミテの1年も同様に処理できるのです。UnixのCUIは、相手の大きさによって怯んだりしないのです（工夫によって効率の善し悪しは生まれますが）。これが、Linuxが手のひらサイズのRaspberry Piから巨大なスーパーコンピュータまでいろいろなコンピュータに搭載される理由の一つです。さらに、UnixのCUIが有用なのは、cronによる自動処理です。やるべきことがワンライナーやシェルスクリプトに整理されることは、繰り返しや自動処理と相性がよいのです。

Unixは、論理的な整理が可能で、大量のデータを対象とし、自動化が望まれるような仕事に、大きな力を発揮するのです。まさにIoTとビッグデータの時代のOSではないですか！

チャレンジ！

本章で学んだ知識を応用し、理解を深める演習問題です。解けなくても、これ以降の内容を読むのに支障はありません。

演習13-1

ひまわり画像の映像を、日本付近だけを拡大したものに作り直してみましょう。

【ヒント】286ページのコマンド12の中で、「convert」に与えるオプションや引数を工夫してみてください。「convert　切り出し」などで検索してみるとよいでしょう。

演習13-2

ヨセミテのウェブカム画像を（1分おきではなく）5分おきに自動ダウンロードしてみてください。

【ヒント】「crontab　5分おき」などで検索してみましょう。

演習13-3

ヨセミテのウェブカム画像を（1分おきでなく）30秒おきに自動ダウンロードしてみてください。

【ヒント】「cron」は1分おきよりも短い時間間隔では実行できなさそうですね。ならば、1回のcron実行で、2つの画像を取ってしまいましょう。そのためには「webcamget.sh」の中で、「wget」と「mv」を2セット走らせればよいのでは？　その間の時間稼ぎには、あのコマンドが役に立ちそうですね！

演習13-4

夏目漱石の小説「吾輩は猫である」について、最もよく出てくる名詞のトップ5を調べてください。

終章

「Linux力」をつけるには？

本書で体験していただいたのは、Linux（Unix）のほんの入り口にすぎません。Linuxをもっと深く理解するには、Linuxをさらにたくさん使い込んでいただかねばならないでしょう。もっともっと「Linux力」をつけていきたい、という方に、いくつかアドバイスをさせてください。

「Linux力」はインストール回数に比例する！

Linuxにはいろいろなディストリビューションがあり、1つのディストリビューションの中にもいろいろなバージョンや派生形があり、そして、いろいろなインストール法があります。それらを、いろいろなハードウェアに対して、試してみましょう。そうすると、Linuxの多様性を肌で感じられますし、同時に、多くのスタイルのLinuxに共通する概念や仕組みに関しても理解が深まります。その結果、あなたの「Linux力」は飛躍的に上がっていくでしょう。私自身も、これまでさまざまなLinuxディストリビューションをさまざまなハードウェアにインストールしましたが、そのような経験を重ねるごとに、自分のLinux力が上がっていったように感じます。

コンピュータのことはコンピュータに聞こう！

このことはすでに述べましたがもう一度強調させてください。うまくいかないときや、やり方がわからないときは、思いつく方法をどんどん試してみましょう。そのうちどれかがうまくいきます。それが「答え」です。そう、「答え」はあなたがコンピュータから引き出すのです。

そういう試行錯誤は、一見、無駄が多いようですが、試行錯誤をせずに、最適解を最短経路で求めていると、人は成長しないのです。すぐに人に聞いたり、「ググって出てきた情報」を鵜呑みにしていると成長しないのです。たとえば、いつもタクシーに乗っていたり、誰かの車に乗せてもらっていては、街を自分で歩けるようにはなりませんよね。それと同じです。**一見無駄に思えることが大事**なのです。

試行錯誤を繰り返すうちに、個々の操作やメッセージの意味がわかってきて、Linuxの考え方が体に馴染んできます。同時に、発想の幅が広がり、「頭の引き出し」が増えるのです。子供の心を取り戻し、イタズラ（入門書や指導者に指示されないこと）もやってみるのです。そしてたくさん失敗するのです。失敗が多いほど上達は速いのです。

ただし、セキュリティには注意しましょう。怪しいソフトをダウンロードしたり、あなたの大事なデータが消えたり流出したりすることがないように……。

質問 試行錯誤の結果、もし大失敗して、マシンが壊れたらどうするのですか？

答 コンピュータを普通にキーボードとマウスで操作して

いるときに限れば、それが原因でハードウェアが壊れることは、ほとんどありません。壊れるとしたら、基本ソフト（Linux）の一部でしょう。その結果、Linuxが起動しなくなったり、一部のソフトが使えなくなったりするかもしれません。そういうときは、そのLinuxディストリビューションを、もう一度最初からインストールし直せばよいのです！

古い情報に注意!!

トラブルを解決するために、ネットで情報検索することはよくあります。そういうときは、その情報の鮮度に気をつけましょう。たとえばUbuntu Linuxに関するさまざまなトラブルや問題点は、検索すればほぼ確実に何か有用そうな情報が見つかります。けれども、それは古い情報であり、古いバージョンのUbuntu Linuxにしか通用しない、ということがよくあります。ですから、バージョンをチェックしたり、そのウェブサイトの更新日時をよくチェックしましょう。

最後に「Linuxの魅力」とは？

さて、本書もおしまいです。実際にLinuxを触ってみて、どのように感じましたか？　「凄い！　素晴らしい！　面白い！」と思ってくださったらいいのですが、実際はそうとは限らないでしょう。「書かれていることは再現できたし、なんとなくわかったけど、でもそれで？　という感じ」というのが率直なところではないでしょうか？　私自身、初心者の頃はそう感じていましたから、多分あなたもそうではないかと思うのです。でも、ここまで読んでくださったあなたには、個々のコマンドや仕組みだけでなく、それらを貫く考え方（というか、むしろ文化・哲学・スタイル等と言うべきかもしれません）が、なんとなく見えてきたのではないでしょうか？　それは、あなたの「コンピュータ観」を少し揺さぶったのではないでしょうか？

Unixを貫く考え方は、最初は我々の素朴な直感や願望とはなかなか折り合いませんよね。だから「難しい」のです。でも、使っているうちに、それが「わかってくる」のです。それはあたかも、頑固な父母の小言や説教が、若いうちには耳に入らなくても、人生を生きるうちに身に染みてわかってくるようなものです。「はじめに」で「なぜLinuxは難しいのか？」という問いを立てましたが、その答えの1つがそれであり、それがUnix、Linuxの魅力でもあるのです。

人間は、何かを学んだり習得したり、考えたり工夫したりということを面倒くさがることがよくあります。スマホをはじめとして、現代のシステムの多くは、そういう人間の怠惰を優しく受け入れて、直感的にわかりやすく作られています。そういうものも確かに有用でしょう。でも、そういうシステムだけでは、人間とコンピュータのそれぞれの潜在能力を最大限に引き出すことはできません。人間は怠惰ですが、学習によって無限に成長する可能性も持っています。コンピュータの能力にも限りはないのでしょう。UnixやLinux（のCUI）は、そういう点で妥協をしません。「彼ら」は、ユーザーのやりたいことを先回りして限定的に提示し、ボタン1つで自動的にこなしてくれるような「親切なシステム」ではありません。むしろ、「あなたの本当にやりたいことは何？」「あなたは本当に私の能力を引き出していますか？」「もっと良い方法はありませんか？」「もっとしっかり詰めて考えませんか？」とユーザーに問いかけるのです。「彼ら」のシンプルさ・合理性・論理性が「鏡」となって、ユーザーの姿を映し、ユーザーに成長を促すのです。それが「彼ら」の魅力のように、私は思うのです。

質問 読み終えて感じたのですが、急ぎすぎというか、内容が広すぎた気がします。冒頭は本当の初心者向けでしたが、最後の方は上級者向け（?）でした。この内容で本当の初心者がLinuxをマスターするのは難しいのでは？

答 最後まで読んでいただきありがとうございます！　そうですね、この１冊で初心者がLinuxを「マスター」するのは無理でしょう。というか、私自身もLinuxを「マスター」していません。それほどLinuxは広くて深いのです。本書はLinux全体を細部まで理解・習熟していただくのではなく、おぼろげでもLinuxの気持ちというか、イメージを摑んでいただくのが目的でした。そのため、辞書的・網羅的に個々のコマンドや機能を細かく説明したりはせず、代わりに、Linuxのいくつかの機能だけを取り上げ、それらがなぜそのようになっているのか、とか、それらをどう組み合わせると何ができるのか、ということの説明に努めました（なお、最後の第12、第13章の内容は上級者向けではありません。Linuxの「上級」はまだまだこんなものではありません！）。今後は、ご自身のアイデアでLinuxと戯れながら、Linuxスキルを磨いていってください！

謝辞

中央大学の飯尾淳さん（学生時代に私がUnixを学ぶときに助けてくれた同級生）と千葉大学の樋口篤志さん（私の研究仲間で、衛星データ解析のプロ）は、本書の原稿を読んでコメントと励ましをくれました。秋津一磨さん、山崎一磨さん、石橋聖也さん、そして筑波大学生物資源学類の学生さん達は、読者目線で助言をくれました。講談社の西田岳郎さんには構想から完成まで、多大なサポートをいただきました。イラストレーターの勝部浩明さんは、「シンプルなコマンドをつないで柔軟にカスタマイズできるLinux」を、盆栽職人のイメージで表紙絵に見事に表現してくださいました（幹がパイプになっているのにお気づきですか？）。

無論、本書の内容に不備があったとしても、これらの人には無関係です。

参考文献

・『UNIXという考え方――その設計思想と哲学』
Mike Gancarz著（芳尾　桂 監訳）オーム社（2001年）

さくいん

【さ行】

【た行】

【な行】

【は行】

【ま行】

【や行】

【ら行】

【わ行】

N.D.C.548　315p　18cm

ブルーバックス　B-1989

入門者(にゅうもんしゃ)のLinux(リナックス)
素朴な疑問を解消しながら学ぶ

2016年10月20日　第1刷発行
2023年4月12日　第8刷発行

著者　奈佐原顕郎(なさはらけんろう)
発行者　鈴木章一
発行所　株式会社講談社
〒112-8001 東京都文京区音羽2-12-21
電話　出版　03-5395-3524
販売　03-5395-4415
業務　03-5395-3615
印刷所　（本文印刷）株式会社ＫＰＳプロダクツ
（カバー表紙印刷）信毎書籍印刷株式会社
本文データ制作　ブルーバックス
製本所　株式会社国宝社

定価はカバーに表示してあります。

ISBN978-4-06-257989-6

発刊のことば

科学をあなたのポケットに

二十世紀最大の特色は、それが科学時代であるということです。科学は日に日に進歩を続け、止まるところを知りません。ひと昔前の夢物語もどんどん現実化しており、今やわれわれの生活のすべてが、科学によってゆり動かされているといっても過言ではないでしょう。

そのような背景を考えれば、学者や学生はもちろん、産業人も、セールスマンも、ジャーナリストも、家庭の主婦も、みんなが科学を知らなければ、時代の流れに逆らうことになるでしょう。

ブルーバックス発刊の意義と必然性はそこにあります。このシリーズは、読む人に科学的に物を考える習慣と、科学的に物を見る目を養っていただくことを最大の目標にしています。そのためには、単に原理や法則の解説に終始するのではなくて、政治や経済など、社会科学や人文科学にも関連させて、広い視野から問題を追究していきます。科学はむずかしいという先入観を改める表現と構成、それも類書にないブルーバックスの特色であると信じます。

一九六三年九月　　野間省一

ブルーバックス　技術・工学関係書(I)

495 人間工学からの発想　小原二郎
911 電気とはなにか　室岡義広
1084 図解　わかる電子回路　加藤　肇／見城尚志／高橋　久
1128 原子爆弾　山田克哉
1236 図解　飛行機のメカニズム　柳生　一
1346 図解　ヘリコプター　鈴木英夫
1396 制御工学の考え方　木村英紀
1452 流れのふしぎ　石綿良三／根本光正＝著　日本機械学会＝編
1469 量子コンピュータ　竹内繁樹
1483 新しい物性物理　伊達宗行
1520 図解　鉄道の科学　宮本昌幸
1545 高校数学でわかる半導体の原理　竹内　淳
1553 図解　つくる電子回路　加藤ただし
1573 手作りラジオ工作入門　西田和明
1643 金属材料の最前線　東北大学金属材料研究所＝編著
1656 今さら聞けない科学の常識2　朝日新聞科学グループ＝編
1660 図解　電車のメカニズム　宮本昌幸＝編著
1676 図解　橋の科学　土木学会関西支部＝編　田中輝彦／渡邊英一他
1696 ジェット・エンジンの仕組み　吉中　司
1717 図解　地下鉄の科学　川辺謙一
1768 ロボットはなぜ生き物に似てしまうのか　鈴森康一

1797 古代日本の超技術　改訂新版　志村史夫
1817 東京鉄道遺産　小野田　滋
1840 図解　首都高速の科学　川辺謙一
1845 古代世界の超技術　志村史夫
1854 カラー図解　EURO版　バイオテクノロジーの教科書（上）　ラインハート・レンネバーグ　小林達彦＝監修　田中暉夫／奥原正國＝訳
1855 カラー図解　EURO版　バイオテクノロジーの教科書（下）　ラインハート・レンネバーグ　小林達彦＝監修　田中暉夫／奥原正國＝訳
1863 新幹線50年の技術史　曽根　悟
1866 暗号が通貨（カネ）になる「ビットコイン」のからくり　吉本佳生　西田宗千佳
1871 アンテナの仕組み　小暮裕明　小暮芳江
1873 アクチュエータ工学入門　鈴森康一
1879 火薬のはなし　松永猛裕
1886 関西鉄道遺産　小野田　滋
1887 小惑星探査機「はやぶさ2」の大挑戦　山根一眞
1909 飛行機事故はなぜなくならないのか　青木謙知
1916 新しい航空管制の科学　園山耕司
1918 世界を動かす技術思考　木村英紀＝編著
1938 門田先生の3Dプリンタ入門　門田和雄
1940 すごいぞ！　身のまわりの表面科学　日本表面科学会
1948 すごい家電　西田宗千佳

ブルーバックス　技術・工学関係書（II）

1959　図解　燃料電池自動車のメカニズム　川辺謙一
1963　交流のしくみ　森本雅之
1968　脳・心・人工知能　甘利俊一
1970　高校数学でわかる光とレンズ　竹内　淳
1977　カラー図解　最新Ｒａｓｐｂｅｒｒｙ　Ｐｉで学ぶ電子工作　金丸隆志
2001　人工知能はいかにして強くなるのか？　小野田博一
2017　人はどのように鉄を作ってきたか　永田和宏
2035　現代暗号入門　神永正博
2038　城の科学　萩原さちこ
2041　時計の科学　織田一朗
2052　カラー図解　Ｒａｓｐｂｅｒｒｙ　Ｐｉではじめる機械学習　金丸隆志
2056　新しい１キログラムの測り方　臼田　孝
2093　今日から使えるフーリエ変換　普及版　三谷政昭